Le carrefour congolais

Pour la collaboration entre les recherches anthropologiques, les programmes de développement, les Médias et les Entreprises en DRC

«*Tozeli tozeli tolembi*»
Le Congolais troque les attentes au rôle de l'Etat contre se prendre en charge

La revue du Département d'Anthropologie de l'Université de Kinshasa

No 6 – Juin 2022

ISSN 2665-9875
© 2022
Editions Kimpa Vita

En couverture : Lé d'un ntshak
Au Royaume du signe
1988, éditions Adam Biro

EQUIPE EDITORIALE

Directrice de rédaction: Julie Ndaya Tshiteku (UNIKIN)
Rédacteur en chef adjoint: Delphin Kayembe Katayi (UNIKIN)
Secrétaire de rédaction : Gaby Bamana (Normandel Univ / USA)

CONSEIL EDITORIAL

Basile Osokonda Okenge (UNIKIN); Sylvain Shomba (UNIKIN/CDS); Léon Tsambu (UNIKIN); Pius Mosima (Université Bamenda/Cameroun); Yemey (Good Samaritan Theological University/USA); Katrien Pype (KULeuven/Belgique); Lapika Dimonfu Bruno (UNIKIN/CERDAS); Maalu Bungi Crispin (UNIKIN/CELTA); Adrien Ngudiankama (Kongo Academy/USA); Jean Debéthel Bitumba (UNIKIN); Bambie Ceuppens (Tervuren/Belgique); Mfuamba Katende (ISP Kananga); Jean Claude Bimwala (Journal Climat Tempéré/DRC); Emmanuel Kabongo Malu (UPN); Placide Mumbembele Sanger (UNIKIN/MRAC) ; Jeannot Wingenga (UNIKIN) ; Joël Ipara (UNIKIN) ; Frey Nkumu (UNIKIN).

Archivage
Victorine Neka (UNIKIN)|
Julie Ndaya Tshiteku (UNIKIN)
Shokano Rachel (UNIKIN)

Points de vente :
-Bureau du Département d'Anthropologie/UNIKIN
-Local 3

Design : Karel Duran ; Sylvie Beijers

Contact
julie.ndaya@unikin.ac.cd/j.ndaya@gmail.com
Téléphone : +243 822 945 496

La revue du Département d'Anthropologie de l'Université de Kinshasa

Numéro 6

Juin 2022

SOMMAIRE

Les Contributeurs   6

Editorial par Julie NDAYA TSHITEKU   9

Incidence de la crise énergétique sur la forêt de la cité de Kasongo-Lunda par MUKAWA IBANGI et MANZUSI KETO   15

l'Habitat à Kinshasa par Jean Rufin MULA   33

Les anciens agents d'une entreprise publique transforment leur lieu de travail en lieu d'habitation par Félicien MUDILA MBINGA   67

La promotion des médicaments traditionnels en RDC par Toussaint HOSILA NZEMBA   79

Pratiques tontinières des femmes à Kinshasa par Donatien MULAMBA KATOKA   97

Laxisme et Attentisme d'Etat en Republique Democratique du Congo. Essai d'une anthropologie de la débandade, Basile OSOKONDA OKENGE (2021) Recensé par Julie Ndaya Tshiteku   117

Manuel de développement rural, communautaire et national Laurent KADIEBWE TSHIDIKA (2021) Recensé par Pierre Mfuamba Katende   121

La scène musicale populaire kinoise à l'épreuve du genre et de l'androcentrisme par Léon TSAMBU   129

Les Contributeurs

HOSILA NZEMBA Toussaint est chercheur à l'Institut Congolais de Recherches en Développement et Etudes Stratégiques (ICREDES). Il assume aussi au sein de cet Institut la fonction de Secrétaire.

MANZUSI KETO Aristide est chercheur CERDAS.

MUDILA MBINGA Félicien est doctorant à l'Université de Kinshasa. Il est assure aussi la fonction de chef quartier dans une commune de Kinshasa.

MUKAWA IBANGI Daniel est chef des travaux à l'ISP Kasongo-Lunda.

MULA Jean Rufin est chercheur au Cerdas

MULAMBA KATOKA Donatien est chercheur à la Chaire de la Dynamique Sociale (CDS) de l'Université de Kinshasa.

MFUAMBA KATENDE Mazarin est docteur en Philosophie. Il est professeur à l'Université Pédagogique de Kananga, Kasaï central DRC où il assume aussi la fonction de chef de Département de Philosophie. Ses recherches concernent les transformations socio-culturelles et la démocratisation. Il est l'auteur du livre *Justice politique et démocratie chez J. Rawls. Repères pour une rationalité politique africaine comtemporaine* (2020).

NDAYA TSHITEKU Julie est docteure en Anthropologie. Elle est professeure et chercheure à l'Université de Kinshasa et

affiliée à plusieurs centres des recherches. Ses recherches s'intéressent aux questions de la mondialisation et les transformations culturelles, particulièrement les identités impulsées par les appartenances religieuses, en occurrence les assemblées pentecôtistes investiguées par les femmes.
Elle est spécialiste des recherches qualitatives attentive aux méthodes d'enquête auxquelles recourir pour les anthropologues chez soi. Elle est l'auteure de plusieurs publications et directrice de rédaction de la revue *Le carrefour Congolais*.

Editorial

par Julie NDAYA TSHITEKU

«Tozeli tozeli tolembi» «*On a attendu on a attendu on s'est fatigué* », c'est de cette manière que les Congolais expriment la lassitude envers l'élite politique qui a la mission de gérer la République Démocratique du Congo. Mais la cécité des dirigeants à l'égard des conditions de vie de leurs compatriotes étonne tout observateur du Congo contemporain. Et lorsqu'on approche ceux qui expriment cette lassitude, lorsqu'on écoute leurs discours, des expressions populaires qu'ils produisent comme ne savent le faire que les Kinois, on se rend compte que leur vie ne s'est pas arrêtée. Ils ont utilisé, avec une énergie sans précédent dans l'histoire du Congo, leur intelligence pratique pour créer des initiatives qui se substituent à l'absence de l'Etat. Certaines de ces initiatives disparaissent, des autres persistent et rendent des services auxquels chaque Congolais, qu'importe son rang social et son statut recourt. Les Congolais ont ainsi troqué leurs attentes envers les pouvoirs publics contre se prendre en charge. *Tozo bunda*, on se bat, comme le rapporte le titre d'un numéro du *Carrefour congolais* (2019) exprime cette énergie, ce désir de lutter contre l'inertie et survivre.

La mission du *Carrefour congolais*, la revue impulsée par le Département d'Anthropologie de l'Université de Kinshasa, est de mettre en exergue ces énergies. Le but est d'arriver à ce que chaque Congolais qui a une parcelle de pouvoir ouvre ses yeux à la réalité et aux préoccupations de ses compatriotes. Ainsi ils réfléchiront avant de se lancer dans des projets prétentieux, à l'exemple de la cité du fleuve, ou des *buildings skyline* au centre-ville ou encore l'échangeur de Limite dont la tour pointe le ciel à la manière d'un missile prêt à être lancé. Ils ne participent pas à l'amélioration du quotidien de la population. Elle a besoin des programmes qui visent la satisfaction des premiers droits humains, ou pour recourir à la célèbre pyramide de Maslow, les besoins primaires: se nourrir, avoir accès à l'eau potable, aux soins de santé, à un logement décent, à l'enseignement.

Dans ce numéro, Mukawa Ibanga et Manzusi Keto examinent la surexploitation de la forêt par les habitants de la cité de Kasongo-lunda. Cette population exploite la forêt dans le but de satisfaire les besoins alimentaires des citadins. Mais cette exploitation intense a créé la déforestation. La forêt est entrain de disparaitre, en laissant la place à une végétation appelée *chromolaena odorata* « *Nkambila mama* ». Si la déforestation perdure, elle entrainera l'appauvrissement de la population qui en est dépendante. Mukawa Ibanga et Manzusi Keto proposent comme solutions le reboisement et l'installation des micro-barrages hydroélectriques. En abordant cette problématique de la déforestation, les auteurs ravivent le débat sur le fait que le Congo ratifie les conventions internationales comme celle de la protection des forêts et le reboisement sans qu'aucune action ne soit entreprise. Jean Rufin Mula de sa part aborde la question de la transformation de l'habitat en Afrique et ses conséquences. La case traditionnelle suivait les logiques de la mobilité des Africains. Cette manière de vivre a été perturbée par la conquête coloniale. Le besoin de l'administrateur d'avoir une main d'oeuvre stable avait aboli le nomadisme des autochtones au profit de la sédentarisation. Ainsi naquirent en milieu urbain des cités, avec des habitations peu confortables qui abritaient la main-d'œuvre des institutions coloniales. Le délabrement de ces cités a continué après la chute des barrières coloniales. L'explosion démographique et l'accroissement de la difficulté de trouver un logement qui en fut la conséquence ont stimulé l'inventivité de la population pour se loger. Ce qui a engendré plusieurs phénomènes, comme des pathologies sociales liées à la promiscuité. Et c'est cette inventivité que nous présente Félicien Mudila Mbinga en décrivant dans son article comment les ex-travailleurs de l'Etat ont transformé l'immeuble qui était leur lieu de travail en logement. Ils étaient licenciés sans toucher les arriérés de leur salaire. Pour se faire justice ils ont morcelé les salles et locaux dans lesquels ils travaillaient pour y loger leurs familles. L'article de Hosila Nzemba Toussaint traite le recourt à la pharmacopée traditionnelle, un secteur de santé qui reflète l'identité culturelle congolaise. Même si l'avènement de la pandémie Covid 19 a favorisé son essor, ces thérapies traditionnelles restent marginalisées. Elles font face à plusieurs défis, dont le cumul des rôles par les praticiens, la posologie et surtout la concurrence des produits pharmaceutiques et des thérapies occidentaux et asiatiques. Leur marginalisation au profit de ces derniers est un obstacle à la mutation de l'informel au formel. Donatien Mulamba Katoka examine dans sa contribution la pratique très connue de la rotation des crédits, tontine, *likelemba* ou *moziki* dans laquelle les femmes sont numériquement très représentées. Grâce à l'argent cotisé par chaque membre et remis à tour de rôle à l'une des participantes, l'association leur assure la continuité des activités. Et au delà du soutien financier, les tontines sont des véritables réseaux de solidarité. L'article répond aux questions de l'accès, de la manière dont les liens se tissent, les avantages et les faiblesses de l'appartenance et enfin comment rendre ces associations professionnelles.

Dans la section RECENSIONS, Julie Ndaya Tshiteku fait une lecture du livre de Basile Osokonda Okenge «Laxisme *et attentisme d'Etat en République Démocratique du Congo. Essai d'une Anthropologie de la débandade*» (2021). Le point de départ de l'ouvrage reparti en huit chapitres ce sont les faits connus du Congo, suivant lesquels les gouvernements qui se sont succédés dans ce pays n'ont jamais réussi à répondre aux attentes de la population. Chaque chapitre analyse, à partir des données qualitatives, un domaine particulier de la société. La thèse qui y est développée est celle suivant laquelle les dirigeants congolais n'ont pas un programme comme boussole permettant de gérer les problèmes des habitants. Un mode de gouvernement qui a réussi à donner la place, comme l'exprime l'auteur, au désamour entre les gouvernants et les gouvernés. Comme remède au Laxisme et à l'Attentisme de l'Etat, Osokonda propose une gestion de la chose publique axée sur les résultats. Un tel mode de gouvernement pourrait aider à changer le Congolais et ses élites politiques. Et Mazarin Mfuamba Katende nous présente le livre de Laurent Kadiebwe Tshidika « *Manuel de développement rural, communautaire et national* » (2021). Un livre de 103 pages qui est le résultat de plus de 35 ans des enseignements de l'auteur sur la question du modèle de développement au Congo. Kadiebwe montre les limites des différentes approches de développement, capitaliste et communiste qui se sont disputés le terrain sur le sol congolais. Il analyse leurs atouts et leurs limites. Et propose une dynamique pyramidale du développement communautaire comme modèle intégré.

Et enfin, dans la section Lu pour vous, Léon Tsambu nous a donné la permission de reprendre entièrement son article «La scène musicale populaire kinoise à l'épreuve du genre et de l'androcentrisme» publié dans la revue Afrique et Développement (Volume XLV, No. 4, 2020, pp. 107-133). Il y discute les rapports de pouvoir comme ils sont focalisés sur l'hégémonie masculine dans la scène musicale populaire de Kinshasa. La femme (chanteuse, choriste, danseuse) y est soumise à l'oppression professionnelle par l'homme mais ne fait pas toujours figure de victime. Elle est tournée stratégiquement vers des intérêts et désirs de célébrité, de mieux-vivre ou d'inversion de la domination sans toujours y parvenir. Nous remercions le Professeur Tsambu d'avoir mis son article à la disposition des lecteurs du *Carrefour Congolais*. L'un des objectifs de la revue est de faciliter aux étudiants de l'Université de Kinshasa l'accès aux écrits sur le Congo.

Incidence de la crise énergétique sur la forêt de la cité de Kasongo-Lunda

par MUKAWA IBANGI[1] et MANZUSI KETO[2]

Résumé

La forêt de la cité de Kasongo-lunda est entrain de disparaitre et laisse la place à une espèce de végétation appelée *chromolaena odorata* « *Nkambila mama* ». La principale cause de cette déforestation reste la satisfaction des besoins alimentaires des citadins. Pour résoudre cette question, des solutions palliatives s'avèrent impérieuses: reboisement, installation des micro-barrages hydroélectriques.

Introduction

La forêt est depuis longtemps reconnue comme étant une source de biens et services nécessaires à l'homme pour sa survie. Cela peut être de manière directe à travers la récolte de bois de feu ou bois d'œuvre, viande de brousse, légume et de nombreux matériaux de construction ainsi que les objets utilisés lors des cérémonies culturelles. Cela peut également être de manière indirecte puisque l'homme récolte ces ressources afin de les

---

[1]MUKAWA IBANGI, Assistant à l'ISP Kasongo-lunda-Kwango/RDC
[2]MANZUSI KETO A., Assistant de recherche CERDAS/UNIKIN

commercialiser et d'en obtenir des moyens financiers de subsistance et d'épanouissement social.

Durant des décennies, l'attention de ceux qui ont dirigé les forêts tropicales, que ce soit les Etats ou la population rurale, s'est focalisé sur les gibiers et les chenilles entant que source alimentaire et de revenus. Désormais, il est de plus en plus question de contrôler l'état des ressources procurant l'énergie et de revenus.

Depuis le début du siècle dernier qui coïncidait avec la naissance de la Cité jusque vers les années 1980, l'environnement de la Cité de Kasongo-Lunda était couvert d'une végétation forestière peu perturbée. Ce dernier constituait le réservoir de combustible ligneux et garantissant énergie domestique.

Les forêts Congolaises en général et celles de la Cité de Kasongo-Lunda en particulier subissent une forte dégradation due à l'agriculture et à la carence énergétique.

Aujourd'hui, la Cité de Kasongo-Lunda connait, comme toutes les autres Cités Congolaises et africaines, des sérieux problèmes d'approvisionnement énergétique. La forêt reste son seul et l'unique recours.

Les villageois et les citadins qui utilisent encore les charbons de bois considèrent la forêt comme une source combustible. Chaque segment de la société voit la forêt a sa manière et parle de son point de vue (SENGORORO, S., 1994).

Dans la forêt de cette Cité de Kasongo-lunda, la coupe exagérée du bois à des fins économiques et domestiques, sans oublier le déplacement des cultures avec une courte durée de jachère laisse celle-ci une bonne place à une espèce végétale appelée *chrodaema adorata* (quatre vingt/*nkambila mama*). Cette espèce de végétation de mauvaise qualité ne permet plus à la population de se procurer une source d'énergie pour s'en servir.

Dans les pays développés, le bois en tant que combustible a été remplacé par de combustible fossile. Par contre, en République Démocratique du Congo, il demeure la principale ressource énergétique (PELTIER, C, 2010).

L'exploitation du bois pour usage domestique, culturel et agricole ont d'avantages décimés la forêt existante dans les alentours de la cité de Kasongo-lunda. Il faut donc souligner que la déforestation s'effectue de manière anarchique avec comme conséquences : la disparition des espèces naturelles, la baisse de la productivité, la dégradation du sol et la pollution de l'eau. Tous ces effets affectent gravement la santé des habitants de la Cité de Kakongo-Lunda.

Dans la cité de Kasongo-lunda, comme dans les villages situés dans son hinterland, la fourniture en électricité est absente. De ce fait, dans cette région, l'essentiel du prélèvement des combustibles ligneux provient de l'abatage des arbres pour la fabrication du charbon de bois, des élagages périodiques des branches et du ramassage des bois morts et ceux abandonnés sur les terrains défrichés.

Les bois restent la principale source d'énergie pour toutes les activités des ménages. Cette zone est la plus touchée du fait de causes suivants : la proximité de la cité avec la forêt, la croissance démographique qui fait des assauts répétés à la recherche du bois-énergie et la situation socio-économique dégradante de la population. Toutes ces causes impliquent une forte exploitation du bois dans cette cité de Kasongo-lunda. Lorsqu'on ne fait pas attention, cette consommation doit certes déboucher sur une dégradation accélérée de l'environnement dans cette cité pour qui la survie dépend essentiellement de la forêt. Si la population reconnait que la forêt est l'unique source de vie, comment la cite de Kasongo lunda gère-t-elle l'unique source énergétique dont elle dispose ? Quelle est la solution alternative pour endiguer la disparition des forêts dans la cité de Kasongo-lunda ?

Notre hypothèse présume que la gestion de la forêt dans la cité de Kasongo-lunda ne serait pas durable du fait que la principale source d'énergie consommée serait le bois énergie. La construction de micro barrage hydroélectrique et le reboisement seraient une solution durable pour protéger les forets.

La population pouvait être sensibilisée en lui montrant l'importance que revêt la forêt comme régulateur de la pression atmosphérique et la seule source d'énergie.

Cet article a été mené dans le but de démontrer comment la crise énergétique est à la base de la dégradation sévère de forêts. La crise énergétique est un manque à gagner pour les habitants de Kasongo-lunda, car sa bonne gouvernance créerait des emplois à ceux-ci. Cette recherche couvre la période allant de janvier en avril 2017, soit quatre mois.

Approche méthodologique

Pour collecter les données, nous avons usé des enquêtes et interview de terrain, notamment auprès de différentes personnes : charbonniers, ménagers, débrouillards, commerçants et divers agents techniques intervenants dans les domaines de la conservation environnementale.

Elaboration du questionnaire : les informations recherchées ont été obtenues à partir d'une série d'enquêtes :

I. **questionnaire 1**, d'ordre général, est adressé aux habitants de la cité de Kasongo-lunda, destiné à inventorier le nombre de ménages et la quantité de bois ou de charbon de bois consommée par ménage et quelques renseignements spécifiques (prix d'un tas de bois de chauffe, prix d'un sac de charbon, nombre de tas utilisés, lieu de provenance, etc.) ;

II. **questionnaire 2,** adressé respectivement aux charbonniers, aux vendeurs des bois de chauffe, aux acheteurs de charbons et bois de chauffe.

Echantillonnage : pour le questionnaire N°1, les personnes interrogées ont été choisies par tirage au sort à différents degrés. Et ce, conformément à la norme en matière d'enquête (échantillonnage aléatoire et représentatif). La cité de Kasongo-lunda étant constitué administrativement de 6 quartiers, ont été tiré au choix dans une urne dans laquelle ont été introduits les noms de tous les quartiers de la cité.

Au niveau de chaque quartier et rues, les échantillons sont choisis selon la même procédure. Ainsi, 25 personnes ont été interrogées par quartier, ce qui représente un total de 150 personnes interrogées. En ce qui concernent le questionnaire N°2, 100 charbonniers et vendeurs de bois énergie ont été enquêtées dans l'ensemble de la cité. Il sied de noter qu'un échantillon de 250 personnes a composé notre investigation. Les questionnaires ont été préalablement rédigés en français, la stratégie de l'interview directe entre enquêteurs et interviewés a été adaptée afin de tenir compte du faible niveau d'instruction de la population.

Dépouillement du questionnaire d'enquête et critère d'évaluation : après l'enquête, les fiches ont été dépouillées pour analyser les différentes réponses obtenues.

Présentation du milieu d'étude : cité de Kasongo-lunda

Présentation : la cité de Kasongo-lunda est le chef-lieu du territoire de Kasongo-lunda, Situé dans la nouvelle province du Kwango au Sud-ouest de la RD. Congo. Elle est située entre 7° et 7°5 de latitude Sud et entre 15° et 15°8 de longitude Est. C'est une cité frontalière avec l'Angola.

Climat : le climat de cette cité est de type tropical humide. Il existe deux saisons distinctes : une saison sèche du mois de juin au mois d'octobre et une de pluie du mois d'octobre au mois de mai. La pluie reste abondante. La moyenne de la hauteur totale des précipitations de 10 dernières années s'élève à 1892mm.

Végétation : deux types de végétation : la savane herbeuse et la forêt galerie ; la forêt galerie domine et couvre une grande superficie. La population exerce ses activités dans la forêt galerie et les savanes sont moins exploitées à cause de leur faible rendement agricole. Aussi, les arbres ne fournis pas des braises de bonne qualité.

Présentation et discutions des résultats

Les besoins en énergie

En matière énergétique, il y a déficit énergétique pour satisfaire les besoins des citadins. La demande de bois énergie est énorme et reste insatisfaite. La cité de Kasongo-lunda recourt à la forêt pour son approvisionnement en énergie nécessaire : Bois, charbon de bois et autres dérivés. Le manque d'autres sources d'énergie et les recours total à la forêt pour leur approvisionnement fragilisent l'équilibre entre l'homme et la forêt.

Sur base des données administratives de 2012 à 2016 qui donnent une croissance démographique de 1744 habitants, la cité de Kasongo-lunda compte en 2016 une population avoisinant 142 826 habitants dont 42 568 ménages pour toute la cité.

Le tableau 1 donne l'évolution démographique de cette cité de 2010 à 2014.

Tableau 1. Evolution de la population de la cité de Kasongo-lunda de 2012-2016.

Années	Population	Taux d'Accroissement naturel
2012	133.809	-
2013	135.345	30,5
2014	137.216	32,2
2015	141.082	33
2016	142.826	33,7

La production du bois énergie

Dans les pays en développement, le bois est le principal combustible utilisé dans les centres ruraux ou urbains (MONFO, N., 2002).

La cite de Kasongo-lunda brule du bois pour cuire leur nourriture et se chauffer. Chaque jour un arbre est coupé dans la forêt. Cette situation a des effets néfastes sur la forêt et sur l'environnement.

La coupe de bois pour la fabrication des braises dans la forêt de la cité de Kasongo-lunda laisse cette dernière en dégradation sévère. A présent, la forêt est constituée des jeunes plantes non utile pour la fabrication de braise. Aucune mesure de protection des forêts n'est prise dans cette cité. Pourtant, comme le dit FRESCO, L., (1984), la forêt transforme d'énormes quantités de gaz carbonique en oxygène, assurant la protection des sols et des eaux vives. Mais, la cité de Kasongo-lunda est entrain de perdre, à coup sûr, ses forêts.

La cité de Kasongo-lunda où le courant hydroélectrique n'existe pas, la population fait appel à la forêt pour son approvisionnement en énergie. Chaque jour les femmes et les hommes montent de la forêt avec une lourde charge des bois énergie pour qu'ils aient l'énergie nécessaire.

Le territoire de Kasongo-lunda dispose d'énormes potentielles en ressources énergétiques : l'hydroélectrique, l'énergie solaire, éolienne..., mais non exploitées.

Le bois de chauffe constitue la principale source d'énergie consommée dans cette cité. Le bois est exploité de façon artisanale et anarchique dans la forêt. Son utilisation comme source d'énergie dans les ménages est tellement croissante qu'il faut penser, de façon urgente, aux stratégies de reboisement. La faiblesse de la demande en énergie traduit à la fois l'absence de l'industrie dans la cité et la faible revenue des habitants.

La population se donne à couper les morceaux de bois pour fabriquer le charbon de bois. Selon leur besoin en bois énergie et les moyens qu'offre chaque ménage, les recherches menées auprès des enquêtés sur l'utilisation du bois énergie nous ont permis de les catégoriser en 5 groupes repris dans le tableau 5.

Tableau 5 : Quantités de bois de feu consommée (2017) dans la cité de Kasongo-lunda (selon le nombre de personnes interrogées).

Nbre de personnes	Nbre de tas utilisés	Poids en kg	Consommation de ménage en kg		
			Jour	Mois	Année
82	1	5	410	12300	147600
71	2	10	710	21300	255600
54	3	15	810	24300	291600
27	4	20	540	16200	194400
16	5	25	400	12000	144000
250	15	75	18750	562500	6750000

De ce tableau, nous remarquons que la consommation de bois énergie dépend d'un enquêté à l'autre. Cette situation est due par le nombre de personnes qui composent le ménage, le type et le nombre de repas préparés par jour. Certains ménages préparent 3 fois par jour et d'autres 1 ou 2 fois le jour. La consommation journalière est de 18750 Kg contre 75 Kg par mois 562500 et 6750000Kg par an. 82 personnes utilisent un tas de bois énergie de 5kg et jour 410Kg,12300Kg le mois contre 147600 l'année. 71 enquêtés consomment 710 Kg le jour, 21300Kg le mois et 255600 dans une année. 810Kg sont utilisés le jour pour 54 enquêtes, 24300Kg le mois et 291600Kg l'année. 27 enquêtés utilisent 540Kg le jour, 16200Kg le mois et 194400Kg l'année.16 enquêtés utilisent 5Kg le jour et qui pèsent 400 Kg le jour, 12000Kg le mois et 1440000Kg l'année.

La consommation du bois laisse entrevoir le style de vie de chaque enquêté et traduit les inégalités dans sa consommation. En effet, les ménages qui consomment le plus d'énergie bois sont généralement les plus nantis que ceux qui en consomment moins.

Cout de la consommation du bois énergie

La Population de la cité de Kasongo-lunda dépense de l'argent pour se procurer de l'énergie. Cette consommation en énergie dépend de la possibilité qu'offre le ménage ou encore du nombre de personnes par ménage et le nombre de repas préparés par jour.

Le tableau ci-dessous démontre les dépenses effectuées par la population.

Tableau 3 : Dépense de la consommation du bois énergie selon le nombre de personnes interrogées en 2017.

Dépenses en FC					
Nbre /personnes enquêtés	Nbre de tas utilisés/ groupe/enquêtés	Prix/tas de bois énergie	Journalières des enquêtés	Mensuelle des enquêtés	Annuelle des enquêtés
82	1	100	8200	246000	2952000
71	2	200	14200	426000	5112000
54	3	300	16200	486000	5832000
27	4	400	10800	324000	3888000
16	5	500	8000	240000	2880.000
250	15	1500	375000	11250000	135000000

Nous remarquons dans ce tableau 5 catégories d'enquêtés selon la consommation du bois-énergie : la première catégorie est celle qui utilise 1 tas de bois par jour, la seconde utilise 2 tas de bois énergie, la 3ème utilise 3 tas de bois par, la 4ème utilise 4 tas de bois par jour et la dernière utilise 5 tas de bois énergie. Cette répartition est dictée par le pouvoir d'achat des ménages et le nombre de personnes qui compose le ménage.

Sur 250 personnes enquêtées, 82 personnes utilisent un tas de bois-énergie par jour soit une dépense journalière de 8.200FC, 246.000FC pour le mois et 2.952.000FC par an. 71 enquêtés utilisent 2 tas de bois soit une dépense journalière de 14.200FC, 426.000FC par mois et 5.112.000FC par an. 52 enquêtés 3 tas de bois par jour pour une dépense journalière de 16.200FC contre 486.000FC le mois et 5.832.000FC par an. 27 enquêtés utilise 4 tas de bois par jours soit 10.800 FC par jour, 324.000FC le mois et 3.888.000FC par an. La dernière catégorie de 16 enquêtés dépense 8.000FC par jour, 240.000FC le mois, 2.880.000FC l'année pour 5 tas. La dépense du bois énergie pour 250 personnes enquêtées est de 375.000 par jour, 11.250.000FC le mois contre 135.000.000FC l'année.

Avec une population de 142.826 habitants en 2016, la cité de Kasongo-lunda dépenserait chaque jour 7.877.200 FC de bois énergie, soit 236.316.000 FC par mois et 2.835.792.000 Fc par an. Une lourde dépense pour la consommation du bois énergie. Comme nous pouvons l'imaginer, cet argent pourrait financer un projet de micro central hydroélectrique sur la chute de la rivière Mbwandu à 15 Km de la cité.

L'approvisionnement en bois énergie

Le bois utilisé provient aussi bien de la cité même qu'en dehors de celle-ci.

Approvisionnement en bois dans la cité

La cité de Kasongo-lunda est à caractère semi-rural. En effet, à cause de la croissance démographique, de son extension et son déboisement sans replantation, la réserve forestière qui entourait la cité a disparu.

Les activités agricoles dans les alentours de la cité de Kasongo-lunda se sont intensifiées afin de faire face aux besoins alimentaires croissants des habitants.

La réduction de la durée de la jachère qui en a résulté ne permet plus au sol de se reconstituer. La savane a remplacé la forêt. Ainsi, Kasongo-lunda est aujourd'hui une cité dont le bois énergie constitue une casse tête

A cause de la carence en bois, les femmes recourent parfois aux bambous de chine et aux palmistes pour cuire les aliments.

Dans certaines familles, les enfants (surtout les jeunes filles) reçoivent de leur maman le devoir journalier de se poster dans les scieries pour ramasser les morceaux des planches hors usage pour cuire les aliments. Ce comportement dénote la carence manifeste de bois-énergie dans les environs immédiats de la cité de Kasongo-lunda.

L'approvisionnement en bois en dehors de la cité

La forêt qui entoure la cité de Kasongo-lunda étant disparu, le bois et le charbon de bois proviennent des villages situés à plusieurs Km de la cité. Le tableau ci-dessous donne le lieu de provenance du bois consommé dans la cité de Kasongo-lunda.

Tableau 4. Village de provenance du bois énergie

N°	VILLAGE	DUREE DE MARCHE	DISTANCE EN Km
01	INGETE	5H	26
02	IMAMVU	1H30	7
03	KABISA	1H	5
04	MUKILU	1H20	13
05	ISENDA	3H	15
06	MAHONGA	30'	2
07	IBUKA LUSENGI	3H	12
08	MUNGANDA	1H25	7
09	IKWATI	2H	10
10	KWANKENGILA	2H	8
11	IMBALA	2H	10

Aux vues de données de ce tableau 4, il ressort que la distance séparant la cité de Kasongo-lunda et celle d'Ingeta est de 26Km. Si la distance, en termes d'heures est de 4 heures à l'aller, au retour, avec la charge sur la tête, elle devient encore beaucoup plus longue qu'en aller. Les paysans font toute une journée dans la recherche du bois-énergie pour le ramener dans la cité de Kasongo-lunda.

Suggestion

Selon les écrits de KIBULUKU, V., (2012) et BEAUD, M. et al. (1993), partout dans le monde entier, les voix s'élèvent pour protester contre les diverses pollutions et pour la préservation de la faune, de la flore... A cela, plusieurs mesures sont prises dans le but de préserver l'environnement, à travers des règlements et la création des réserves naturelles.

De ce qui précède, pour le cas de la cité de Kasongo-lunda, nous proposons ce qui suit :

Le reboisement autour de la cité de Kasongo-lunda

Les habitants actuels de la cité de Kasongo-lunda tirent de la forêt, comme leur ancêtre, des ressources énergétiques nécessaires (bois et charbon de bois). L'appréciation de la consommation du bois énergie évoquée plus haut démontre que la cité de Kasongo-lunda dépense annuellement d'importantes sommes d'argent pour son approvisionnement en cette denrée. 135.000.000Fc pour le 250 enquêtés en 2017. Ces sommes auraient pu servir à financer un projet de reboisement autour de la cité lequel produirait annuellement et raisonnablement assez de bois pour satisfaire la demande sociale.

Cette activité pourrait être menée par et avec l'appui du service du ministère de l'environnement et de la conservation de la nature et certaines ONG locales spécialisées dans ce domaine.

Les essences à utiliser seraient ceux qui ont une croissance rapide tels que : le moringa, le wenge, l'acacia, l'eucalyptus, et d'autres qui fixent l'azote.

La construction du barrage Mbwandu sur la rivière du même nom ou celle de la chute guillaume sur la rivière Kwango

La construction des barrages précités, pouvait susciter beaucoup d'espoir pour la population de Kasongo-lunda. La réalisation de ces projets permettrait de :
- Créer quelques exploits et de résorber quelque exploitant forestier ;
- Créer des nouvelles industries ;
- Faire appel à des investisseurs étrangers qui ne peuvent s'installer à Kasongo-lunda faute d'énergie électrique ;

- Prolonger la journée du travail au-delà de 18 heures pour certaines activités ;
- Rendre agréable la vie.

L'application de la loi

L'Application stricte de la loi telle que le code forestier et d'autres lois s'avèrent nécessaire.

Conclusion

Les forêts tropicales sont importantes, elles représentent la moitié des forêts du monde. Elles régulent la plupart des cycles nutriments, de cycle de l'eau et offrent de l'énergie nécessaire à leur population.

Ces forêts remplissent des fonctions économiques et écologiques sur le plan global et local. La gestion durable des forêts, la conservation de la biodiversité et le changement climatique occupent une place prépondérante dans les débats internationaux.

Autant que les autres populations qui dépendent entièrement de leurs forêts, les citadins de Kasongo-lunda vivent des exploitations de la forêt pour son énergie.

Le bois énergie est devenu une denrée incontournable. Son approvisionnement nécessite de longues distances qui mettent en mal la survie de la population, notamment les femmes et les enfants.

Certaines personnes pensent que l'exploitation cupide des arbres, pour des fins domestiques, sont les seules raisons de la déforestation. Or à cela, il va falloir ajouter avec Binzanzika (1988) d'autres exploitants tels que : les menuisiers, charpentiers, etc.

L'hydroélectricité est la meilleure énergie que la RDC peut exploiter. Le potentiel hydroélectrique du pays est de Mégawatt, soit le tiers du potentiel africain, selon le rapport annuel du système d'information énergétique 2010. Pourtant seul 7% de la population congolaise a accès à l'électricité. La construction de micro barrage sur les différentes rivières de la province du Kwango peut permettre de palier à ce déficit.

La dégradation de l'environnement à l'intérieur et autour de la cité de Kasongo-lunda doit inviter l'homme à la préservation de la qualité de vie en gérant de façon rationnelle les ressources en présence.

L'exploitation de charbon de bois et les cultures sur brulis laissent la place à des jachères arborées après une à trois années de répétions de travaux. L'enrichissement des jachères arborées consiste à planter des légumineuses, dont les racines associées à des micro-organismes fixent l'azote atmosphérique. Ceci est particulièrement vrai pour les arbres comme les acacias, qui produisent en outre de grandes quantités de bois énergie et de charbon de bois.

Bibliographie

LEBRETON, P. et SAMUEL, P., 1976. « Ecologie », in *L'homme et son environnement,* CEPAL, Paris.

GOTTELAND, C., 2013. *La situation énergétique de l'Afrique.*htt://www.energy-for-africa.fr/file/l-energye-a-lhorizon 2050

EYESANGA, 2013. *Electricité en Afrique, un problème majeur de développement : analyse et explication.* www.fao.org

FRESCO, L., 1984. *Techniques agricoles améliorées pour le Kwango-kwilu.*www médispaul.

MONFO, M., 2002. *Crise énergétique en République Démocratique du Congo.*www.fao.or

DEAUD, M. et BOUGUERA, M., 1993. *L'état de l'environnement dans le monde*, Ed. La découverte, Paris.

KIBULUKU, K., 2012. Ecologie et conservation de la nature, Notes de cours, L2 géographie Kikwit ISP.

BINZANZIKA, K., 1988. « La destruction des écosystèmes forestiers du Bas-Congo : menace à la vie » in *Revue Lukeni Lwayuna.*

PELTIER, C., 2010. *Production durable de charbon de bois en RC. Congo.* www.cifor.org.

SENGORORO, S., 1994. Agriculture et écologie : étude de l'impact de déséquilibre écologique sur la vie des paysans de la zone de Moba, Mémoire de licence en agronomie, Université de Lubumbashi.

BEN NSIYAK, 2007. *La RD Congo et l'Afrique dans le monde contemporain*, éd. academic Express press, Kinshasa.

l'Habitat à Kinshasa

par Jean Rufin MULA

Introduction

La hutte, en général comme habitation assez précaire, expliquait les logiques de la mobilité des Africains qui se déplaçaient régulièrement à la recherche des espaces encore naturelles. Elles leur permettaient de s'approvisionner en produits de première nécessité comme le gibier, les légumes, les légumes etc…. Cette manière de vivre, en accord avec l'habitat a été perturbé par l'entreprise coloniale qui avait voulu modeler l'Africain aux images valorisées en Occident. Elle abolissait le nomadisme au profit de la sédentarité. Ce qui permettait l'administration coloniale d'avoir une main d'œuvre stable pour ses institutions. Ainsi naquirent en milieu urbain des cités, avec des habitations qui abritaient la main-d'œuvre locale dans des camps peu confortables. L'accès à la ville, lieu de résidence du blanc et plutard de l'évolué, de même que l'acquisition d'une maison étaient réduits à la taille de la famille suivant l'idée de la famille nucléaire exportée de l'occident. Mais après la chute des barrières coloniales, l'explosion démocratique portera une pression sur la ville, avec l'accroissement de la difficulté de trouver un logement. Les villes subirent une explosion démographique, étant donné que le type d'habitations conçues à l'ère coloniale n'a fait l'objet d'aucune ré visitation. Ce qui a engendré des retombées de la proximité comme des pathologies sociales[1] et l'inventivité que développent des personnes à la recherche d'un abri. Cependant, peu importe l'utilité professionnelle mercantile qui a engendré l'œuvre coloniale, sa traçabilité est-elle maintenue et, s'est-elle adaptée aux progrès de l'architecture ? Les nouvelles autorités au pouvoir en RD Congo sauront-elles y remédier ?

Cet article aimerait se pencher sur cette problématique. Dans un premier temps, nous allons parler de Kinshasa et l'habitat africain ou indigène, l'habitat européen son évolution l'évolution démographique de la ville. Et puis suivra la typologie d'habitations à Kinshasa, les retombées de l'inadaptation de l'habitation à Kinshasa, et d'autre part, à apprécier les retombées d'une habitation inappropriée, qui ne tienne compte du statut de la ville et des mutations architecturales très impressionnantes, telles qu'observées en Asie et aux USA.

Et avant de conclure, sera examiné l'apport des nouvelles autorités au pouvoir à Kinshasa et nous donnerons quelques pistes comme solutions.

1.Typologie de l'habitat à Kinshasa et l'affectation des habitations

Kinshasa

Il y a beaucoup d'observateurs des milieux urbains congolais qui ont écrit sur Kinshasa. Dans cette littérature abondante, l'organisation de la capitale et son infrastructure ont été

---

[1] NKUANZAKA, I., A., Le phénomène « KULUNA » à Kinshasa : du banditisme urbain ou une nouvelle forme de sociabilité chez les jeunes ? P. 23, RASSH, Volume VI, 2014, Kinshasa, RDC

étudiées par des géographes et des urbanistes[2] qui ont apporté une information remarquable au sujet des activités des femmes dans l'économie informelle. De Herdt et Marysse (1996, 1999) ont assuré la continuité des enquêtes sur les ménages, initiées par Houyoux dans les années soixante-dix. Shapiro et Tollens (1992); Goossens et al. (1994); Kankonde Mukadi et Tollens (2001) poursuivent des recherches sur la sécurité alimentaire. Mais peu d'étude ont été faites sur la ville et son habitat. Kinshasa était en effet un ancien village de pêcheurs situé le long du fleuve Congo. En 1881, le navigateur anglais Stanley créa le poste de Léopoldville à Ntamo sur le 'Stanley-Pool'. En 1885, après la conférence de Berlin, le roi belge Léopold II en fut la capitale de son état indépendant du Congo. Aujourd'hui c'est une ville très étendue. Etant la capitale, elle est une des villes importantes du pays; elle dispose de nombreux ports, d'un aéroport international, des chaînes de télévision. Cette infrastructure a fait de Kinshasa la plaque tournante et la principale ville administrative et marchande du pays. Elle favorise les échanges des idées, des biens et des personnes. Toutes les populations qui constituent la République Démocratique du Congo tout type de personnes à tous les stades de leur mobilité sociale cherchent a aller s'installer à Kinshasa. Et tout ceci dans un contexte de crise économique qui perdure depuis le milieu des années 70. Et malgré cela, le nombre des habitants de la capitale continue de croitre. Sa population est passée de 901.000 en 1967 à 1.636.000 en 1975 et à 3.000.000 en 1986 (MacGaffey 1991: 14). Aujourd'hui on l'estime à dix millions d'habitants.

Ainsi donc les Kinois vivent et habitent dans une ville entre deux âges qui connait les affres du combat, apparemment sans issue, d'accès à la modernité.

---

[2] de Maximy 1984; Jeanet MacGaffey (1986, 1987, 1991), Gertrude Mianda 1996.

L'effort de classification typologique de l'habitat à Kinshasa n'entre pas dans les préoccupations architecturales purement urbanistiques. La recherche vise, d'une part à comprendre, en rapport à la distribution domestique, le type d'habitations affectées à chaque catégorie d'habitat. En effet, cette inadéquation trouve son explication dans un contexte de discrimination coloniale car, « l'évolution des systèmes de la production foncière et immobilière dans les villes des pays en développement tient des mécanismes de l'exclusion des pauvres »[3]. Ainsi, au lieu que ce soit l'habitat de Kinshasa en général qui postule l'étude mais, celle-ci est commandée par le contraste interne ou le dualisme en son sein : d'une part, un habitat ''riche'' en immobiliers, à côté, d'un habitat pauvre (en immobiliers) d'autre part, c'est-à-dire, ne recevant que des logements pauvres, pour les moins sociaux, construits par les plus démunis, et traduisant une homogénéité monotone d'abris de même forme sur de vastes espaces non aménagés au préalable. En fait, c'est une motivation qui dépasse une simple exclusion de cadre de vie qu'une intention purement préméditée du colonisateur car, les retombées de l'urbanisation étaient des réalités qu'il n'était censé ignorer. Son transfèrement en Afrique impliquait la connaissance des problèmes auxquels serait confronté au quotidien l'indigène qui, marginalisé, ne peut ni veiller sur lui ni à ses activités.

La double distance qui en découle :
- géographique : ville et extensions périphériques,
- modes de vie différents, établissent des objectifs antagonistes que chaque catégorie d'habitants aurait à poursuivre séparément. Pour ce faire, la politique d'exclusion des pauvres était une recette aux fins coloniales utiles.

---

[3] Lasserve, D. A., Ibid, P. 7-8

1.1. L'habitat

Il importe de circonscrire en premier lieu le sens que revêt le terme habitat. En effet, Joël IPARA MOTEMA[4] déclare que « la notion d'habitat est utilisée pour décrire (et éventuellement pour cartographier) l'endroit et les caractéristiques du milieu dans lequel une population d'individus d'une espèce donnée peut normalement vivre et s'épanouir. Pour dire les choses autrement, l'habitat désigne l'emplacement où vit un organisme tel qu'on peut le délimiter par les caractéristiques minérales et organiques de son environnement immédiat. Aussi, l'habitat est-il synonyme de niche écologique ». Roger MUMBERE TSHAKA[5], quant à lui recourt à un prospectus historique que définitionnel : «L'aménagement de l'habitat apparut dix siècle avant notre ère en compagnie de la découverte de la culture et de la sédentarisation comme nouveau mode de vie. La période de la cueillette cède à celle de semailles et moissons ; l'obligation d'une vie permanente s'impose en même temps que celle d'un habitat stable. C'est dans cet environnement que naquirent les deux piliers de la société traditionnelle, à savoir, le foyer et la maison ».

En effet, substantiellement, la distance n'est pas énorme entre IPARA et MUMBERE sur la notion. C'est pourquoi nous pensons les rejoindre en estimant que l'habitat est un établissement humain sur une aire géographique modifiée, pour ou par l'activité dont la préoccupation sédentaire déterminante est avérée par une mise en valeur qui identifie l'approche culturelle des peuples concernés.

---

[4] IPARA, M., J., Environnement et Habitat humain, p. 15, UNIKIN, Mai 2015, RD Congo
[5] MUMBERE TSHAKA, R., L'architecture congolaise : mythe ou réalité ? P.22, Les Editions du Cerdaf, Kinshasa, 2014

La ville province de Kinshasa connait, cinquante ans après les indépendances un essor immobilier très remarquable du secteur public et privé sous la gouvernance de Joseph Kabila dont l'acquisition des fonds de construction reste cependant une autre paire de manche. L'on compte nombreux immeubles sortis de terre et plusieurs villas privées construites endéans ce temps. Les anciens dinosaures sous Mobutu avaient, quant à eux préféré investir et construire en dehors du Zaïre, créant ainsi un manque à gagner pour la compétitivité urbaine de Kinshasa. Curieusement, la construction de ces immeubles est orientée par un plan statutaire préalablement défini, dont l'affectation, en référence des indices socio-économiques[6] arrêtés par les «parents abusifs et possessifs»[7] selon que les constructions à faible revenu étaient dirigées vers les cités planifiées et réserver toute la modernité à Kalina[8], l'actuelle Gombe, mastodonte cependant, elle accuse une carence immobilière et reste marquée par le mimétisme colonial conservateur. Par ailleurs, certaines habitations d'avant la décolonisation renvoient à une architecture révolue, que son maintien ternit et raccroche l'impulsion nouvelle qu'on veut donner à ce noyau initial pour lui permettre de compétir parmi d'autres villes du monde. Ce noyau, faut-il le rappeler, est le plus ancien doté de l'infrastructure moderne qui a fédéré autour de lui toutes les vastes cités jadis appelées la ville africaine[9], des excroissances nettement délimitées[10], et à terminologie variée comme :

---

[6]Léon de Saint-Moulin, Unité et diversité des zones urbaines de Kinshasa, p. 373, In Cultures et développement, Vol. N° 2, Université Catholique de Louvain, 1969-1970
[7]KANYNDA-LUSANGA, Notes de Cours de l'Introduction à la Science Politique, P. 38, Université de Kinshasa, 1990-1991
[8]Pain, M., Kinshasa : la ville et la cité, P. 16, Editions de l'Orstom, Etudes urbaines, Paris, 1984
[9]Pain, M., Ibid.
[10]Extrait du Wiktionnaire

extensions[11], bourg « village-centre » en Occident, «village» en Afrique, «banlieues» ou «quartiers »[12]... dont la dépendance inquiétante avec le noyau urbain ''importé'', avare de modernité ne semble nullement se corriger de l'esprit discriminatoire de ces concepteurs. Pour cela, il est le noyau qui porte toutes les habitations somptueuses cinq étoiles, de ressort public et privé. Le choix du site n'est pas aléatoire, mais c'est un lieu de prédilection présélectionné pour recevoir le poste européen[13] qui devait s'établir à Kinshasa : « Dans la ville européenne, les lieux privilégiés comme la bordure du fleuve ou le haut des collines, étaient réservés à un habitat résidentiel de grand standing »[14]. Cet espace jadis naturel couvrait un aménagement et un lotissement susceptibles d'accueillir une infrastructure qui commandera le destin du pays : édifices régaliens ou de souveraineté, cathédrales, centres hospitaliers, bâtiments scolaires, universitaires, hôteliers, marché central, quartier commercial ou d'affaires, l'infrastructure portuaire, aéroportuaire car, (l'ancien site d'atterrissage de Kinshasa « est alors situé à la limite ouest de la ville, sur l'actuelle avenue des Monts Virunga »[15] avant son transfert sur le site de N'dolo en 1933[16] pour se fixer sur l'actuel aéroport de N'djili). Dans l'analyse interne des six zones de Kinshasa[17], L.S. Moulin classifie ce noyau primatial dans la zone résidentielle[18] qui reprend et trois zones dont Gombe, Limete et Ngaliema[19]. Son critère de classement de ces trois zones concernées est sélectif.

---

[11] Pain, M., op. cit., p. 214
[12] Coquery-Vidrovitch, C., L'Afrique urbaine, p. 1088, In : Annales (Histoire, Sciences Sociales), N° 5, Septembre, Octobre, Paris, 2006
[13] Pain, M., Ibid., p. 12
[14] Pain, M., Ibid., p. 213
[15] Pain, M., Ibid., P. 16
[16] Pain, M., Ibid.
[17] L. S. Moulin, Ibid., P. 372
[18] L. S. Moulin, Ibid., p. 376
[19] Ibid.

En effet, « La population de la zone résidentielle est pour près de moitié étrangère à l'Afrique et elle se renouvelle assez rapidement. Deux cinquième des logements y sont mis à la disposition des habitants par les employeurs. Une hiérarchie socio-économique existe néanmoins.

Gombe, dans l'ensemble, est la commune la plus riche. Elle comporte outre une majorité de cadres et d'employeurs un nombre élevé de commerçants de haute classe. Si les logements y sont en moyenne un peu plus petits qu'à Limete ou à Ngaliema, cela tient au grand nombre de studios destinés à des techniciens étrangers sans famille.

Limete vient en deuxième position, de façon indiscutable au point de vue professionnel. Si le pourcentage de personnes sans instruction y apparaît anormalement élevé, il correspond seulement à une situation particulière des femmes ; le taux de personnes non instruites est de 3, 2% pour le sexe masculin et de 14, 0 % pour le sexe féminin. Une telle différence n'existe pas dans les autres communes de la zone résidentielle ; elle est le reflet d'un pourcentage trop élevé de familles congolaises.

Ngaliema est du même niveau social que Gombe et Limete, mais on y trouve à côté du parc Hembise et de Djelo-Binza des constructions relativement modestes ou fort anciennes ; en moyenne, la situation apparaît donc légèrement moins favorable »[20].

---

[20] L. S. Moulin, Ibid., p. 376-377

Indices socio-économiques des communes de la zone résidentielle[21]

Instruction			Population active		Logements	
Subdivision	% 6 ans et + sans instructions	% 12 ans et + ayant accédé au secondaire	% cadres et employés	% manuels non qualifiés	% WC cimentés	Nombre moyen de pièces
Gombe	3, 4	78, 5	74, 2	2,0	100,0	4, 71
Limete	7,8	7,5	74,6	8,5	100,0	4,88
Ngaliema	5,3	70,5	64,5	14,5	96,1	4,80
Ensemble	4,6	75,6	72,8	5,1	99,4	4,76

Source : LDS Moulin : Analyse interne des six zones de Kinshasa

Le cadre théorique de cette commune résidentielle trouve sa résilience naturellement dans l'explication qu'apporte MUMBERE sur la construction urbaine. A la différence de l'habitat traditionnel, il nécessite cependant de « normes et de critères nouveaux liés à l'expansion du machinisme industriel»[22].

1.2 L'habitat ''africain'' ou indigène

LDS. Moulin reprend dans l'analyse interne des six zones de Kinshasa une diversité typologique : les « cités planifiées, nouvelles et anciennes cités, les quartiers excentriques et la zone d'extension sud »[23].

---

[21]LDS. Moulin, Ibid., p. 376
[22]MUMBERE, T., R., Ibid., p. 40
[23]LDS. Moulin, Ibid., p. 372-379

Nous allons y revenir intégralement, à l'exception de la dernière dont plusieurs éléments d'analyse figurent dans les quartiers excentriques.

En effet, cette typologie d'habitat ne se récence pas dans l'habitat traditionnel, mais dans l'urbain. C'est en raison de sa relégation discriminatoire qu'il se présente comme une spécificité, comme un cas de ségrégation urbaine pour donner lieu à un format particulier de ville mort-née, de ville-village, épicentre des fléaux de tous les points chauds.

Peu importe la classification statutaire leur attribuée, la dégradation socio-économique qui les sévit durement, leur donne un visage ex aequo car, la précarité qui a réduit les communes planifiées ou évoluées au rang des quartiers excentriques et ces derniers, en conglomérats périurbains où sévissent une rage déchéance sociale exponentiellement dangereuse.

Pour cas de figure, Pain note que celles qui étaient ''au sommet de la hiérarchie des cités''[24]: « Les cités planifiées ONL : Bandalungwa, Matonge et Yolo dans la zone de Kalamu, Lemba et Matete s'individualisent aisément dans la ville. Elles constituent des îlots bien équipés, avec une infrastructure complète en eau, assainissement, électricité, une voirie revêtue dense, un habitat de bonne qualité composé de logements individuels jointifs en bandes à un ou deux niveaux. Chaque logement est doté d'un ensemble WC-douche qui, s'il n'est pas toujours commode, apporte tout de même un élément de confort non négligeable »[25]. Elles donnent en ces jours l'image des ruines des guerres non abandonnées !

---

[24]Pain, M., Ibid.
[25]Pain, M., Ibid., p. 222

1.2.1. Les cités planifiées[26]

Le cas des cités planifiées est le plus simple, car il ne présente à peu près aucune difficulté, et il est intéressant, car il permettra de préciser la hiérarchie sociale de Kinshasa. Nous utiliserons les mêmes indices que ceux qui ont servi à présenter les zones urbaines. Il apparaîtra que les quatre cités planifiées présentent une hiérarchie interne très nette : Lemba et Bandalungwa sont plus riches que Matete ; et Matete à son tour est d'un niveau supérieur à N'djili.

Pour nuancer ces appréciations, on observera que Lemba occupe une position supérieure à Bandalungwa pour le degré d'instruction et pour la structure professionnelle de la population active ; les logements y sont cependant en moyenne un peu moins vastes et ils disposent moins généralement d'installations sanitaires cimentées. Les différences sont cependant minimes. Le cas de Matete est différent ; on sait que c'est la cité O.N.L. la plus achevée et la plus ancienne ; la qualité de son équipement hygiénique n'étonnera donc pas. Mais les maisons y sont plus petites qu'à Lemba ou à Bandalungwa et le niveau socio-culturel y est sensiblement inférieur.

Ndjili enfin, ne se raccroche qu'imparfaitement au groupe des cités O.N.L. ; elle n'y appartient vraiment que par un nombre élevé de personnes ayant accédé à l'enseignement secondaire.

Ces variations à l'intérieur de la zone des cités planifiées évoquent des situations historiques différentes, mais elles n'en confirment pas moins notre principe général d'interprétation de la

---

[26]LDS. Moulin, Ibid., p. 372

distribution résidentielle des habitants de Kinshasa, puisqu'elles traduisent également une hiérarchie socio-économique.

Indices socio-économiques des cités planifiées[27]

Instruction			Population active		Logements	
Subdivision	% 6 ans et + sans instructions	% 12 ans et + ayant accédé au secondaire	% cadres et employés	% manuels non qualifiés	% WC cimentés	Nombre moyen de pièces
Lemba	16,1	46,1	61,2	12,3	93,3	5,02
Bandalungwa	16,4	45,0	56,7	14,8	96,0	5,10
Matete	20,6	31,1	34,0	28,2	95,9	4,20
N'djili	22,0	33,0	24,5	29,1	20,1	3,40
Ensemble	19,2	37,7	41,5	22,4	68,6	4,28

Source : LDS Moulin : Analyse interne des six zones de Kinshasa

1.2.2. Les nouvelles cités[28]

Les nouvelles cités sont un autre exemple de distribution interne explicable par le même principe. La solidarité y est cependant moins étroite entre les indices de l'instruction, de la répartition professionnelle et des logements.

Pour le degré d'instruction, l'ordre est indiscutable ; le niveau s'élève quand on passe de Ngiri Ngiri à Dendale, puis à Kalamu. Le mouvement se retrouve dans les pourcentages de cadres et d'employés, ainsi que dans ceux des installations hygiéniques cimentées. Mais les travailleurs non qualifiés sont

---

[27]LDS Moulin, op cit., P. 373
[28]LDS Moulin, Ibid.

relativement plus nombreux à Kalamu que dans les deux autres communes et les logements y sont en moyenne un peu moins grands qu'à Dendale (Kasavubu). Ces irrégularités évoquent la diversité interne de Kalamu, même dans ses limites d'avant 1960. On y trouve en effet les quartiers Rekin et Immocongo (Matonge) de haut standing.

Le camp Cito de l'Otraco (Kauka) bien aéré, mais de standing modeste, et les ensembles variés de Yolo Nord et de Yolo Sud. Sur le plan statistique, nos indices traduisent ce rapprochement dans une même unité d'analyse de groupes opposés ; les catégories médianes des indépendants et des ouvriers qualifiés sont de fait un peu moins représentés à Kalamu qu'à Dendale ou Ngiri Ngiri. Sur le plan de l'interprétation, cette situation n'infirme pas le principe général d'une corrélation étroite entre divers indices socio-économiques : elle suggère seulement que le regroupement spatial des catégories est parfois réalisé à Kinshasa en unités fort limitées, correspondant à des lotissements particuliers.

Indices socio-économiques des nouvelles cités[29]

Instruction			Population active		Logements	
Subdivision	% 6 ans et + sans instructions	% 12 ans et + ayant accédé au secondaire	% cadres et employés	% manuels non qualifiés	% WC cimentés	Nombre moyen de pièces
Kalamu	18,4	45,5	37,5	27,6	88,2	2,64
Dendale	27,4	34,6	35,6	24,8	42,1	2,66
Ngiri Ngiri	28,9	30,9	28,6	26,0	37,3	2,57
Ensemble	24,7	37,0	34,0	26,0	51,9	2,62

---

[29] LDS Moulin, Ibid., p. 374

1.2.3. Les anciennes cités[30]

Une diversité semblable existe dans les anciennes cités. On y trouve également d'anciens camps de travailleurs, sous les noms d'Olsen, Bousin, H.C.B., Utexco, ... et quelques camps récents de standing relativement élevé : le camp Babilon à Kintambo, le quartier Bon Marché à Barumbu, la frange nord de la commune de Saint-Jean (Lingwala) et le quartier Pont Cabu au sud de Kinshasa. Ce défaut d'homogénéité transparaît une nouvelle fois dans les irrégularités statistiques du tableau suivant.

A tous points de vue, Barumbu est la commune la plus pauvre ; on sait qu'elle est la plus ancienne avec Kintambo. On y trouve un nombre particulièrement élevé de logements et de personnes par parcelle et les étrangers africains y sont très nombreux[31].

La situation de Kinshasa n'est guère différente. Le pourcentage élevé de WC cimentés dans ces deux communes ne doit d'ailleurs pas faire illusion ; il englobe en effet un nombre considérable d'installations dans les camps de travailleurs.

A l'opposé, Saint-Jean occupe incontestablement la première place dans la hiérarchie des anciennes cités ; elle est d'ailleurs la plus récente, dont la mise en lotissement n'est guère antérieure à 1940[32].

---

[30]LDS Moulin, Ibid, p. 374-376
[31]LDS Moulin se réfère à l'Office National de la Recherche et du Développement, Etude socio-démographique de Kinshasa, 1967, Ibid., p. 375
[32]LDS Moulin, D'après une mosaïque de photos aériennes de mars 1931 au 1 :10.OOO conservée à l'Institut Géographique du Congo et des informations orales, Ibid., p. 375

Kintambo se place moins aisément. Elle est en deuxième position pour le degré d'instruction et le pourcentage de cadres et d'employés. Mais la proximité des usines textiles et l'ensemble industriel de la Chanic y a attiré la proportion la plus élevée de travailleurs non qualifiés. Par ailleurs, les maisons O.N.L. du camp Babilon élèvent le nombre moyen de pièces de la cité au-dessus de celui des autres communes.

Une fois encore, la diversité des logements montre que des groupes sociaux très différents peuvent être géographiquement très proches l'un de l'autre. De plus, le nombre d'installations hygiéniques cimentées à Barumbu et Kinshasa nous permet de souligner le rôle fréquent d'interventions extérieures à un groupe social dans ces conditions de logement[33].

Indices socio-économiques des anciennes cités[34]

Instruction			Population active		Logements	
Subdivision	% 6 ans et + sans instructions	% 12 ans et + ayant accédé au secondaire	% cadres et employés	% manuels non qualifiés	% WC cimentés	Nombre moyen de pièces
Saint Jean	28,3	30,2	36,3	26,6	32 ;3	2 ,41
Kintambo	30,1	25,5	25,5	34,9	26,8	2,70
Kinshasa	32 ,7	26,0	24,2	29,9	42,2	2,30
Barumbu	34,2	23,1	20,6	32,4	40 ,2	2,25
Ensemble	31,6	26,0	26,2	30,8	37,3	2,37

---

[33]LDS-Moulin, La construction et la propriété des maisons, Expressions des structures sociales, Ibid., p. 376
[34]LDS-Moulin, op. cit., P., 375

Source : LDS-Moulin : Analyse interne des six zones de Kinshasa

1.2.4. Les quartiers excentriques[35]

L'analyse des zones d'extension présente plus de difficultés. Nous étudierons d'abord les quartiers excentriques, qui ont l'avantage de comporter des subdivisions naturelles fort nettes ; nous distinguerons en outre selon les limites administratives Ndjili extension et Kimbanseke. Les indices socio-économiques ne nous permettent cependant de les ordonner que selon une hiérarchie très imparfaite.

Cet ensemble comprend deux groupes nettement distincts : d'une part, Ndjili extension, Kimbanseke et Kisenso ; d'autre part, Ngaliema extension, Kingabwa et Masina. Cette division évoque pour les habitués de Kinshasa une opposition ethnique. Les premières unités sont caractérisées par une forte prépondérance des Bakongo[36] ; Ngaliema extension et Masina comportent un grand nombre de Bayaka ; à Kingabwa, les Basuku sont vraisemblablement le groupe le plus nombreux. Or, les Bayaka et les Basuku sont originaires de régions beaucoup plus pauvres que le Bas-Congo et comptent à Kinshasa beaucoup d'immigrés récents. La distinction ethnique va donc de pair, à ce niveau d'analyse, avec une hiérarchie socio-économique.

La situation est beaucoup moins cohérente quand on entre dans le détail des subdivisions. Dans le groupe de tête, Kimbanseke ne se distingue pas de Ndjili extension pour le pourcentage de travailleurs non qualifiés ; la majorité des habitants y sont en fait des salariés manuels qualifiés ou des indépendants. A Kinsenso, deux indices présentent une distorsion par rapport aux autres ; il y a

---

[35] LDS-Moulin, Ibid., P., 377
[36] LDS-Moulin, Ndjili, première cité satellite de Kinshasa, op cit. p. 378

un peu moins de personnes sans instruction et un peu plus de cadres et d'employés qu'on ne le supposerait à partir des autres critères de classement.

Dans le second groupe, Kingabwa occupe une position tantôt inférieure, tantôt supérieure à la moyenne, sans qu'une explication suffisante puisse en être fournie ; il est d'ailleurs vrai qu'aucune de ces différences n'est statistiquement significative. Enfin, le pourcentage d'installations hygiéniques cimentées est partout très faible ; il est le plus élevé à proximité des anciens quartiers, c'est-à-dire à Ndjili extension et à Ngaliema extension.

Dès lors, s'il est vrai que tous nos indices reflètent dans l'ensemble une situation correspondant aux niveaux inférieurs de l'échelle sociale, on constate néanmoins une série de particularités qui ne peuvent s'expliquer par le principe général d'une structuration spatiale selon la hiérarchie socio-économique. L'élément d'explication supplémentaire requis nous est suggéré par le fait que la zone étudiée est encore largement en construction ; il est certain qu'une série d'habitants y sont installés non pour ce qu'ils y trouvent actuellement, mais pour ce qu'ils espèrent y réaliser.

Indices socio-économiques des quartiers excentriques[37]

Subdivision	Instruction		Population active		Logements	
	% 6 ans et + sans instructions	% 12 ans et + ayant accédé au secondaire	% cadres et employés	% manuels non qualifiés	% WC cimentés	Nombre moyen de pièces
N'djili extension	30,0	19,8	17,5	33,5	14,8	3,11
Kimbanseke	32,2	17,3	11,1	32,9	7,1	2,97
Kisenso	31,8	16,1	11,4	42,5	7,4	2,64
Ngaliema extension	38,4	14,6	8,8	57,2	10,7	2,54
Kingabwa	42,7	10,0	9,2	57,0	3,6	2,52
Masina	44,5	11,1	6,9	58,9	2,6	2,34
Ensemble	34,7	15,8	11,2	43,1	8,5	2,76

Source : LDS-Moulin : Analyse interne des six zones de Kinshasa

II. De la Révolution industrielle et des retombées de l'inadaptation de l'habitation à Kinshasa.

A l'arrivée de H. M. Stanley, dit Marc Pain : « Chronologiquement, le village de Kinshasa est le centre commercial le plus ancien, Kintambo est déjà une bourgade de 5000 habitants »[38]. En L'absence d'une infrastructure mécanique, cette agglomération n'exprimait le besoin d'une habitation extraordinaire. C'est seulement après que Stanley ait évincé le roi

---

[37] LDS-Moulin, Certains quartiers de trop petites dimensions ne sont pas repris dans le détail de ce tableau : les pêcheurs de Kingabwa dans la commune de Gombe, les extensions de Matete, Badiadingi et le quartier de la Maison communale de Ngafula, op. cit. P. 377
[38] Pain, M., Ibid., p. 11

Ngaliema, qu'il se saisît de l'opportunité des affaires déjà remarquables sous le roi Teke vaincu pour imposer sur ses cendres son agenda mercantile. Et, du jour au lendemain, une impulsion d'habitat d'envergure et d'habitations de conception étrangère remettait en question l'habitation paysanne ordinaire.

A cet effet, Mumbere écrit : «L'expansion du machinisme industriel a posé partout dans le monde, des problèmes qui ont revêtu un caractère nécessairement universel. Parmi ces problèmes, nous avons cité celui du logement des masses dans les grandes agglomérations peuplées par les indigènes à la recherche d'un emploi pensé comme décent et émancipateur »[39]

2.1. De la Révolution industrielle

L'exode rural, la concentration humaine autour des industries qui rendent des flux de productions et diverses facilitations aux populations laborieuses et communautaires ont servi à l'explication de l'urbanisation accélérée de par le monde. Loin de faire une apologie historique des progrès industriels réalisés dans le monde, mais de démontrer comment leur déclin laisse pendants ou cruciaux les problèmes de (l'urbanisation) qu'ils ont suscités. On remarquera par exemple que la réponse du « Modèle japonais et des modèles des économies du Sud-Est asiatique articulés sur les Quatre Dragons et les Quatre Tigres »[40], tournés vers le modèle nippon d'industrialisation industrialisant[41], envisageant l'émergence de tous ces pays asiatiques en vue de gérer également avec rationalité les phénomènes d'urbanisation y afférents.

---

[39] MUMBERE, T., R., Ibid., p. 40
[40] NZANDA-BUANA, K.,M., De Questions Spéciales d'Economie Internationale, p. 105, Sixième Edition 2016-2017, Revue et Augmentée, UNIKIN
[41] NZANDA-BUANA, Ibid.

A l'inverse, si le secteur industriel est en effondrement et en disparition, tel le tissu économique de Kinshasa qui a été consumé par les incohérences des acteurs politiques de la RD Congo, depuis la zaïrianisation/rétrocession, en passant par les pillages, la chute du mobutisme, la gouvernance de 1+ 4, la crise financière internationale de 2008, l'insécurité généralisée dans l'Est de la RD Congo, assortie des tueries barbares intentionnelles[42]consolident leur accréditation « au plan spirituel et éthique »[43] à l'emprisonnement de l'« homo politicus congolais à ses pulsions égoïstes et libidineuses »[44]etc, se dressent en impasse au bon climat des affaires et au label des investissements. Le déficit constitue ainsi un manque à gagner à la croissance générale qui draine une foulée des crises multiformes.

Soixante-sept[45] structures industrielles sont enregistrées à la FEC, contre plus au moins 343 sièges d'entreprises implantés autrefois à Kinshasa[46], mais à la mesure de leur taille sociale, la plupart sont des sociétés multinationales d'origine asiatique, n'apportent qualitativement des améliorations aux besoins socio-économiques énormes de l'environnement délétère de Kinshasa. L'ancien chef du gouvernement Matata Ponyo avait si reconnu la faiblesse de l'économie congolaise en ces mots : « Il faut dire que le

---

[42]Elles visent de ''nouvelles implantations'',lire Colette Braeckman, Les Nouveaux Prédateurs, Politique des puissances en Afrique centrale, P. 177, Fayard, Paris, 2003
[43]Crise et Renaissance politique au Congo (ex Zaïre)
(Exploration à la lumière de l'expérience sud-africaine), p. 36, Renaissance Congo 2000, Cercle de réflexion, Johannesburg, Afrique du Sud
[44]Ibid,
[45]La FEC, Annuaire 2017, P. 88-94, Kinshasa, RD Congo
[46]Répertoire des industries et activités au Zaïre, S.E.E.Z.(Service d'Etudes Economiques du Zaïre), B.P. 9728, p. 312 Kinshasa-Zaïre.

développement de la RDC passera inévitablement par son industrialisation, à l'exemple des pays émergents »[47].

2.2. Des retombées de l'inadaptation de l'habitation à Kinshasa

Un survol du paysage de Kinshasa révèle bien les défis d'un secteur dont on n'a pas su conserver la traçabilité de l'œuvre coloniale.

Si les gouvernements postindépendances s'y étaient attelés comme leurs prédécesseurs colons, la RD Congo aurait évité l'ampleur de certains fléaux urbains, notamment le kuluna[48], les enfants de la rue, les chéqués, la précarité consolidés par diverses délinquances : infantile, juvénile et sénile dont le parent pauvre est la promiscuité familiale qui retient l'attention de plusieurs chercheurs : « En passant au crible le milieu familial, il apparaît que la tissu familial dont sont ressortissants la plupart des « Pomba » présente plusieurs entorses sur le plan organisationnel le rendant incapable de jouer ce rôle de première nécessité. On y note le phénomène des familles déficientes marquées par la séparation ou le divorce des parents, par une mauvaise affectation de la garde des enfants, par une autorité parentale brutale et puissante, par une promiscuité due à l'effectif élevé, par une paupérisation accentuée »[49], caractérisée par un délabrement avancé des parcelles occupées : les caniveaux bouchés, les décharges fécales sont effectuées dans cet espace étouffantde pollutions sanitaires et de déchets culinaires.

---

[47]MATATA, P., M., A., L'Eveil économique national, Adresse du Premier Ministre devant le Sénat congolais, p. 10, Primature, Kinshasa, 2012
[48]NKUANZAKA, I., A., Ibid., P. 11
[49]MUKOSO, N.,B. et MBENGO, G., Les bandes des délinquants à Kinshasa : les « Pomba » comme modalités langagières dans un ordre social de crise, p. 124, in Cahier Congolais de Philosophie, N° 1O, Unikin, 2014

Devant certaines parcelles sont postées des décharges publiques. Ceci ne manque d'exciter une mosaïque présence parasitaire des souris, mouches, fourmis, vers de terre, moustiques, cafards, scorpions provoquée par la stagnation d'eaux de vaisselles, de lessive, des douches, de ruissellement des pluies... rendant pestilentiel cet espace familial et environnant susceptible d'un potentiel foyer d'éclosion virale et des maladies émergentes. Souvent, la déliquescence sévit-elle dans ce cadre de vie pour le rendre anomique et foyer d'agressivité à cause de cette « pauvreté absolue »[50], en une république bananière.

Ces retombées, accentuées par le flux de l'exode rural débouche à un déversement sur la rue des membres éjectés des ménages pour des dégâts commis en ces milieux congénitaux : actes criminels, divorces, malentendus, viols ; les jeunes filles sont précocement déflorées dans cette hétérogénéité ambiante de plusieurs locataires, soit 7 à 8 personnes dans une même pièce à Ngaba[51], où parfois elles connaissent leurs premiers amours. L'on en finit souvent, dans ces espaces parcellaires exigus aux animosités inconciliables qui enclenchent des expulsions vers des espaces libertaires où les victimes débarquent dans des groupes aguerris à la violence qualifiés de kuluna ou de « pomba »[52] : « Les jours tout comme les nuits, les Pomba violentent, extorquent des paisibles citoyens, la plupart du temps sous le regard impuissant de la police qui a fini par se faire complice parmi ces délinquants ».

Dans cette communauté urbaine, les efforts isolés pour s'octroyer un abri confortable et surtout une viabilisation durable de l'espace parait utopique. La visite dans certains quartiers de

---

[50]NKUANZAKA, I., A., Ibid., p. 17
[51]BITICHO, C., Enquête sur l'usage des contraceptifs dans les ménages à Kinshasa menée dans la Commune de Ngaba, Unikin, Kinshasa, 2018-2019
[52]Ibid., p. 13

Kinshasa, en l'occurrence Pakadjuma, Grand Monde, Ngaba, Kisenso, Kingabwa, Kimbanseke, Maluku, Masina ... où le lotissement a ignoré la Tutelle ayant qualité, rend cette évidence. Tant que les nouveaux animateurs des institutions politiques en RDC ne s'y appesantiront pas, ces milieux précaires ne sauront se débarrasser des indicateurs de délinquance très alarmants prélevés en illustration dans le District du Mont-Amba à Kinshasa et ci-dessous repris :

Commune	Nombre d'infractions confondues	Année	Mois	Sources
Matete	Accouchements précoces 14-18 Ans 34 Cas dont 3 à 14 ans, 1 à 15 ans, 6 à 16 ans, 11 à 17 ans, 13 à 18 ans 14-18 Ans 35 Cas dont 3 à 14 ans, 3 à 15 ans, 6 à 16 ans, 6 à 17 ans, 17 à 18 ans	2017 2018		Maternité/ Hôpital de Référence Omeco/Matete
Lemba	Le Commissariat de Police de Lemba a présenté, contrairement aux autres Commissariats du Mont-Amba des infractions les plus fréquentes non chiffrées qui sont : l'escroquerie, le vol simple, l'extorsion, le viol, usage de faux, coups et blessures volontaires, meurtres et mort d'hommes	2018	De janvier à décembre De Janvier à Déc	Commissariat de Police/ Commune de Lemba Commissariat de Police de Lemba
Kisenso	27 Cas 26 Cas	2019	Mai Juin	Tableau statistique sur la criminalité/Commissariat Police de la C/ de Kisenso De la criminalité/commissariat de police kisenso

Ngaba	715 total infractions reçues dont : - traitées 288 cas - non traitées 427 cas -transférées autres institutions judiciaires (Parquet, Auditorat mil, Tripaix…) 197 cas Le mois le plus crimogène est celui d'Octobre, soit 85 infractions reçues, soit 9, 3% Tandis que les CBV (coups et blessures volontaires) sont restées l'infraction la plus saillante de la même année, soit 157 cas ou 47,1%, alors que l'extorsion s'est chiffrée à 8%	2018 2018	Janvier – Novembre	Activités judiciaires/ Commissariat de Police/ Commune de Ngaba
Limete	43 cas 44 cas 33 cas 79 cas 66 cas 60 cas	2017 2017 2019 2019 2019	Juillet Août Sept Févr. Mars Avril	Relevé statistique des infractions allant des CBV-chanvre à fumer Commissariat provincial Ville de Kinshasa Commissariat urbain de Mont-Amba Commissariat de Police de Limete

Ce tableau signalétique des infractions n'est pas à interpréter mais à accréditer la thèse de la délinquance qui engendre des infractions, née des conditions de vie défavorables.

III. L'apport de nouvelles autorités au pouvoir à Kinshasa

Les espoirs d'un aménagement substantiel sous l'impulsion du nouveau locataire du 24 Janvier 2019 sont permis car, non seulement l'actuel chef de l'Etat avait fait la promesse électorale de construire des logements sociaux[53], il fait surtout preuve d'homme d'Etat qui tient parole, au regard des réalisations des cent jours, notamment le revêtement des routes et bien d'autres ouvrages d'intérêt public, évités par le régime précédent sont en exécution. D'où il est permis de croire que la dégradation du tissu urbain ainsi que l'insalubrité dans lesquelles la ''kabilie'' avait soumis les nombreuses populations kinoises trouveront tant soit peu de réponse.

3.1. Piste des solutions

La solution de diversifier les centralités[54] est pertinente car, elle suscitera l'intérêt à aménager ces vastes extensions. Elle corrigera la philosophie colonialiste ségrégationniste révolue. La ville doit être affranchie des bornes coloniales et être distribuée à tous ses occupants, conformément à la justice sociale distributive. Par ailleurs, il faut admettre que le coût de cet aménagement paraît extrêmement ambitieux qu'il est irréalisable par un seul dirigeant au pouvoir, fût-il Félix Tshilombo. Paris n'a pas été construit en un jour, pourvu que soit coupé le ruban de démarrage des travaux qui consiste, à notre avis, à construire en site déplacé, des logements

---

[53]De Boibouvier, P., Emission de la RFI sur le Hall de la Gombe où le porte-parole du président de la République, KASONGO YAMBA-YAMBA était l'invité pour confirmer l'engagement électoral du candidat présidentiel de construire1500 logements sociaux pour les plus démunis, le 13, 06, 2019 à 10h01'54'' heure de Kinshasa.
[54]Solution proposée par un intervenant à l'émission De Boibouvier, Ibid.

collectifs pour recevoir les populations du site actuel, en créant progressivement un espace abandonné susceptible de recevoir le traçage d'une ville moderne dotée de métro, d'autoroutes et plusieurs commodités (jardins, parcs d'attraction, espaces verts, carrefours et équipements publics…) qui lui font défaut.

Conclusion

« La démission de certains parents face à leurs responsabilités familiales, corollaires de l'absence du tissu économique, mettant de ce fait, les jeunes dans l'obligation de se jeter dans la rue sous le label de la solidarité juvénile, règle d'or de l'écurie, aux motifs des exactions clandestines et palliatives de survie ».[55] En raison d'interactivité[56] (feed-back) permanente, réplique l'auteur, l'on remarquera que les réponses des jeunes désœuvrés de cette commune (Kimbanseke), en illustration sont similaires à celles des jeunes habitants des autres communes de Kinshasa, notamment celles de Makala, Ngaba, Kingabwa, Masina, Matete, Kisenso, etc., mieux organisés en bandes de kuluna.

Habiter irréversiblement dans la disposition urbaine telle que léguée par le colon dont les objectifs différaient de ceux des autochtones est abject si l'on prétend à l'indépendance. La condition urbaine, à la vitesse de cette dégradation sera pire et pourrait déboucher au radicalisme comme un mode langagier de revendication des opprimés qui s'organisent à leur manière, en strates hostiles à l'ordre public, produit un enlisement pathogène inédit : (les enfants de rue, les drogués de chanvre, de supu na tolo,

---

[55] MANKULA, M., et alii, Le gangstérisme urbain : Essai d'une analyse sociologique des enfants de la rue dans la commune de Kimbanseke, projet d'article à publier, Cordas, 2019
[56] Ibid.

les pomba, chégués, les kuluna…) présentent un panel des réservistes virtuellement terroristes[57]. La pérennisation d'un habitat urbain déséquilibré au motif d'une ségrégation à la fois spatiale et mentale, à défaut de l'éradiquer, risque de s'incruster durablement et de perpétuer le passif de la mémoire coloniale qui semble influencer et orienter la localisation des nantis congolais vers les communes à statut social élevé, reprises par LDS Moulin, en l'occurrence Gombe, Limete, Ngaliema, produisent des oligarchies locales prédatrices nonchalantes de paupérisation extrême desdites extensions dont elles cautionnent, non seulement l'exploitation la main-d'œuvre, mais détournent les initiatives des groupes humanistes, libéraux et chrétiens, des ONGD privées et publiques des bonnes consciences qui finissent par s'émouvoir[58] de la pénibilité de ces majorités périphérisées.

Lemba, Bandal et d'autres quartiers riches créés par la suite sont autant prisés : la cité verte, Camp Maman Mobutu, la cité du fleuve,…au dépens des anciennes extensions dont Kisenso, Ngaba, Masina, Kimbanseke, Makala, Kingabwa qu'on penserait, avoir été scellées pour la précarité, souffrent sans cesse de marginalité bouleversante, mais suspicieuse, comme du magma en latence. Quand elles explosent ou arrive le temps de turbulence, expression de revendications de leur condition d'existence, d'ailleurs sanguinairement réprimées, elles muent en points chauds dont la viralité intercommunale est inévitable.

A partir des faits observés sur le sujet, naît une ébauche ultérieure de recherche sur la dégradation du tissu économique dont celle du tissu urbain est le corollaire, semble méticuleusement (cfr

---

[57]NKUANZAKA, I., A., Ibid., p. 28
[58]TEKILA, K., V., La pensée politique de CHEIKH ANTA DIOP pour le développement de l'Afrique, p. 60, in Revue Africaine des Sciences Sociales et Humaines, RASSH, CERDAS, UNIKIN, 2011

les images en Annexe) vécue par les populations précarisées de Kinshasa, soumises du coup à l'harcèlement policier répressif et tortionnaire. Le conditionnement dégueulasse où vivent lesdites populations exposées aux décès précoces et récurrents, trouve sa paternité parmi les acteurs publics, responsables de plusieurs massacres et des fosses communes dans l'Ituri-Bunia, dans les Kasaï (Kamuini N'sapu), dans le Bandundu (chez les Nunu et les Tende), sont capables de toutes les cogitations macabres, même à partir d'une insalubrité planifiée, reste néanmoins une approche de la logique de l'élimination-implantation[59] dont les statistiques d'inhumation ne peuvent être qu'écornées, d'où l'urgence de la requalification de l'appareil étatique en RDC.

---

[59] Breackman, C., ibid p. 177

Bibliographie

(Exploration à la lumière de l'expérience sud-africaine), Renaissance Congo 2000, Cercle de réflexion, Johannesburg, Afrique du Sud

Coquery-Vidrovitch, C., L'Afrique urbaine, In : Annales (Histoire, Sciences Sociales), N° 5, Septembre, Octobre, Paris, 2006

Braeckman C., Les Nouveaux Prédateurs, Politique des puissances en Afrique centrale, P. 177, Fayard, Paris, 2003

Extrait du Wiktionnaire

HANF, T., Un pays destiné au pillage ? Essai de situer la crise congolaise, In La démocratisation au bout de fusil, Publications de Konrad Adenauer, Kinshasa, 2006

IPARA, M., J., Environnement et Habitat humain, UNIKIN, Mai 2015, RD Congo

KANYNDA-LUSANGA, Notes de Cours de l'Introduction à la Science Politique, Université de Kinshasa, 1990-1991

La FEC, Annuaire 2017, Kinshasa, RD Congo

Lasserve-D. A., L'exclusion des pauvres dans les villes du Tiers-Monde, L'Harmattan, Villes et Entreprises, 1986, Paris, France

Léon de Saint-Moulin, Unité et diversité des zones urbaines de Kinshasa, In Cultures et développement, Vol. n° 2, Université Catholique de Louvain, 1969-1970

MANKULA, M., et alii., Le gangstérisme urbain : Essai d'une analyse sociologique des enfants de la rue dans la commune de Kimbanseke, projet d'article à publier, Cerdas, 2019

MATATA, P., M., A., L'Eveil économique national, Adresse du Premier Ministre devant le Sénat congolais, Primature, Kinshasa, 2012

MUKOSO, N.,B. et MBENGO, G., Les bandes des délinquants à Kinshasa : les « Pomba » comme modalités langagières dans un ordre social de crise, in Cahier Congolais de Philosophie, N° 1O, Unikin, 2014

MUMBERE TSHAKA, R., L'architecture congolaise : mythe ou réalité ? Les Editions du Cerdaf, Kinshasa, 2014

NKUANZAKA, I., A., Le phénomène « KULUNA » à Kinshasa : du banditisme urbain ou une nouvelle forme de sociabilité chez les jeunes ?, RASSH, Volume VI, 2014, Kinshasa, RDC

NZANDA-BUANA, K.,M., De Questions Spéciales d'Economie Internationale, Sixième Edition 2016-2017, Revue et Augmentée, UNIKIN

Pain, M., Kinshasa : la ville et la cité, Editions de l'Orstom, Etudes urbaines, Paris, 1984

TEKILA, K., V., La pensée politique de CHEIKH ANTA DIOP pour le développement de l'Afrique, in Revue Africaine des Sciences Sociales et Humaines, RASSH, CERDAS, UNIKIN, 2011

Annexe

LA DEGRADATION DU TISSU URBAIN A KINSHASA.

QUELQUES IMAGES DE L'INSALUBRITE

DANS LA COMMUNE DE MATETE VERS KISENSO

collection privée de l'auteur

collection privée de l'auteur

collection privée de l'auteur

Les anciens agents d'une entreprise publique transforment leur lieu de travail en lieu d'habitation

par Félicien MUDILA MBINGA

Résumé

La dégradation de l'infrastructure, des décentes conditions socio économiques des habitants de la république démocratique du Congo est une réalité sans cesse démontrée. Dans ce contexte de la défaillance de l'Etat à mettre ses sujets au centre de ses préoccupations, le peuple congolais n'est pas resté inerte. Il a réagis de plusieurs manières, en recherchant lui même des compensations. C'est le cas des travailleurs d'une entreprise publique 'l'Office Congolaise des Postes et Télécommunications (OCTP)'. Confrontés au desoeuvrement et au manquement de l' Etat de payer les arrières de leur rémunération, ils ont transformé l'immeuble qui était leur lieu de travail en logement. Ainsi, ces anciens employés de l'Etat ont mis leur famille à l'abri des tracasseries du paiement des loyers, problème brulant dans la capitale Kinshasa, où les propriétaires des maisons majorent ou expulsent arbitrairement les locataires.

Introduction

Il y a en République Démocratique du Congo des différentes initiatives privées ou collectives qui se sont déployées au sein de la population. Ces initiatives réagissent et se substituent aux devoirs de l'Etat qui devrait pourtant soutenir la dynamique de son peuple à créant une infrastructure adéquate. On trouve ces initiatives dans différents domaines de la vie. Elles se multiplient dans beaucoup de champs sociaux. Elles sont la seule volonté des habitants. Malgré le slogan « le peuple d' abord », cher aux dirigeant actuels du pays, le peuple lui même s'engage d'une façon spontanée et souvent inorganique dans un vaste effort pour trouver des solutions aux problèmes auxquels il est confronté. Dans cette communication, je vais montrer comment les anciens de travailleurs de l' Office Congolais de Poste et Télécommunication (OCTP) à Masina, au quartier sans fil à Kinshasa, la capitale de la République Démocratique du Congo, confrontés à la carence des revenus suite à l'arrêt de leur contrat de travail ont compensé l'incapacité d'avoir perdu les ressources financières pour subvenir aux besoins primaires comme payer le loyer. Ils l'ont fait, en transformant l'immeuble où ils travaillaient en logis pour se faire justice contre l'employer, l'Etat, peu soucieux de payer leurs arrières salariaux. Dans un premier temps, je vais montrer quelques généralités de la commune de Masina dans laquelle se trouve l'OCPT au quartier sans fil. Ensuite je vais parler du quartier sans fil même, comment lieu où se trouve l' OCPT, montrer ses spécificités. Et puis je me pencherai sur le cas de l'appropriation de l'OCPT par les travailleurs comme solution au manque du revenu pour enfin conclure.

1. La commune de Masina: quelques généralités

Masina est une des communes périphériques de Kinshasa, la capitale de la République Démocratique du Congo. C'est une commune très étendue. Elle est située à 15 Km du centre de la ville et fait partie du district de la Tshangu. Cette partie de la ville a été créée en 1968, dans les sillages des luttes tribales et des insécurités que connut le Congo juste indépendant. Masina est le prototype de ces agglomérations urbaines nommées cités par l'administration belge. Elle avait mis en place un système de ségrégation des habitants, la ville, Gombe pour le cas de Kinshasa, était habitée par les belges vivant au Congo ainsi que les Congolais considérés les évolués. Dans les cités, peu urbanisées comme Masina, Kingasani, étaient logés les travailleurs de l'administration belge. Et aujourd'hui, bien que les choses ont un peu changé, dans la mémoire collective des Congolais cette même ségrégation persiste. Les nantis, l'élite congolaise préfère habiter la ville, la commune huppée de la Gombe, qu'importent les conditions dans lesquelles ils habitent. C'est aussi à Gombe que sont centralisées toutes les activités économiques et administratives du pays.

Masina était au début le fief des ressortissants de la province de Kwilu. Mais l'explosion démographique que connurent les villes congolaises suite à la rupture des barrières coloniales d'accès à la ville a fait que sa population n'a fait qu'augmenter.

Aujourd'hui toutes les populations qui constituent la République Démocratique du Congo y habitent, tout type de personnes à tous les stades de leur évolution sociale, des ethnies patrilinéaires et matrilinéaires se côtoient, se fondent et se confondent. Dans un contexte de crise économique qui perdure depuis le milieu des années 80, le nombre des habitants de la commune ne cesse de croitre. Sur une superficie de 69,70 Km^2 dont seulement 46,66 Km^2 habitables à cause des marécages du fleuve Congo, la population de la commune de Masina est estimée à environ 469 699 habitants, avec une densité estimée à 10 066 habitants par km^2.

Ces problèmes de la démographie urbaine font une pression sur l'environnement de Masina. Bien que la commune compte quelques infrastructures économiques comme l'abattoir, l'entrepôt de carburant de SEP CONGO, le dépôt de l'ex SOTRAZ, le marché de la liberté LD Kabila auquel il faut joindre 9 autres marchés qui desservent les 3 pools géographiques de Masina, la population est assez pauvre. La conjoncture économique difficile oblige une bonne partie des gens à vivre des expédients et de commerce. Pourtant il y a des infrastructures s'ajoute comme la société SIFORCO pour l'entreposage de mitrailles de la sidérurgie de Maluku (SOCIDER), l'usine de panification et de production des blocs de glace BKTF, l'aéroport de N'djili qui a ses derniers Kilomètres sur le sol de Masina avec d'importantes infrastructures de gestion au sol installés par la RVA (Régie des Voies Aériennes) où les gens peuvent trouver du travail et vivre décemment. Mais avoir un emploi à Kinshasa ou une activité commerciale informelle n'est plus synonyme de source sûre de revenus et de vivre décemment. Ceci vaut dans le secteur formel comme dans le secteur informel.

2.1. Le quartier Sans Fil

Le quartier sans Fil est situé donc dans la commune de Masina. Le quartier porte le nom sans fil en référence à l'ancien centre d'émission sans fil créé vers les années 1992. Le quartier est limité au nord par le quartier Nzuzi wa Mbombo, au sud par le quartier abattoir à l' ouest par le quartier Pétro Congo et à l' Est le boulevard Emery Lumumba qui le sépare du quartier Ndjili. Sans fil compte 84 avenues. Mais le quartier a une seule grande avenue, l'avenue Matankumu qui donne encore l'air d'avoir été asphaltée. On peut y observer, au delà de la boue, des trous aussi grands que des étangs. Pendant la saison de pluie l'eau qui y stagne durant des jours devient verdâtre parce qu'elle ne parvient pas à être évacuée. Elle est protégée autour par les détritus de reste de l'asphalte. Sans fil est un quartier non urbanisé. L'approvisionnement en eau et en électricité y est très irrégulier. Il n' y a pas de canalisation d'eau. Ni des avenues bien tracées et les poteaux électriques ne suivent pas. Ce manque d'éclairage public occasionne des actes de vandalisme perpétrés par les *kuluna*, des voleurs qui opèrent avec des machettes pour tuer ou terroriser les gens pour emporter leurs biens. Ils sont parfois attrapés et battus à mort par les habitants pour faire justice.

Le quartier compte plusieurs écoles maternelles, primaires, secondaires publiques et privées. Il a également des églises, des petits marchés appelés *wenze*, des terrasses, des bars, des hôtels.

La situation des habitants du quartier Sans Fil n'est pas différente de celle des habitants de la commune de Masina. Sa population est continuellement croissante. Elle était estimée en 2012 à 50.000 habitants. Mais ce chiffre est largement dépassé. C'est une population relativement jeune, une jeunesse desoeuvrée qui n'a ni espace vert où elle peut jouer ou lire. Elle a développé ses propres formules d'apprentissage professionnel.

Comme le cas de Masina, la plus grande partie de la population est sans travail. Ceux qui persistent prétendre travailler ont des salaires incertains ou qui n'assurent aucune certitude pour la survie quotidienne. Il y a parmi les habitants la prédominance du secteur des initiatives personnes privées. La majorité des personnes pratique des diverses activités commerciales pour subvenir aux besoins quotidiens.

A Sans fil, c'est partout les bruits, ceux des gens qui passent, causent, se disputent, des chansons, des prêches des églises, les gens crient pour vendre leurs marchandises le long des clôtures des maisons.

Le long des avenues étroites et boueuses les marchands, en occurrence les femmes vendent leurs produits. Elles les exposent sur des étalages ou à même le sol. Ici un bassin de pain, des légumes, des beignets, des arachides, de la farine. Elles se disputent l'espace avec des voitures, des pousse pousses, les *Wewa* - moto taxi. Ces avenues presque toujours boueuses se transforment en rivière qui emporte avec lui des sachets en plastic lors des pluies diluviennes. Régulièrement, ces eaux de pluies inondent aussi les parcelles. Sur les rues il y a presque toujours des montagnes d'immondices. Ces saletés qui viennent de partout amènent avec elles des maladies et sont nuisibles pour l'hygiène. Les règles mêmes d'hygiènes publiques ne sont pas respectées. L'automédication y est la norme. Suivant un employé d'un centre de sante de la place, la maladie la plus courante est la malaria et la fièvre typhoïde.

Comme les habitants de la ville, Sans fil est un quartier où l'insalubrité est généralisée. Le long des maisons clôturées et protégées par les débris de verre ou du fils barbelés, on peut entendre toute sorte de bruit. Aussi ceux des éboueurs qui chaque matin lancent «*matiti*», pour avertir ceux des habitants qui ont la possibilité de payer d'amener leurs déchets.

Tout ressort de l'initiative privée. La population du quartier sans fil a difficile à satisfaire ses besoins. Ces difficultés financières perturbent les structures familiales. Les pères abandonnent les familles à cause de l'impuissance. L'autorité du chef de ménage en est diminuée. Beaucoup de mères sont seules. A cause des problèmes économiques les divorces et le phénomène fille-mère sont fréquents et engendrent des problèmes nouveaux. Si bien que le rythme alimentaire, la fréquence des repas et la répartition de ceux-ci renseignent sur la gestion de chaque ménage. La stratégie d'exiger de se cotiser pour manger est mal acceptée par certains parents qui voient leur autorité diminuer à l'égard des enfants. Les enfants d'un certain âge doivent parfois participer à faire tourner le ménage grâce aux petits métiers qu'ils exercent.

Mais Sans fil connait aussi une grande dégradation de l'habitation. La promiscuité y est grande. Des familles entières partagent parfois une chambre. Chacun cherchant un coin pour y mettre sa tête. Bien qu'on y trouve des parcelles très diversifiées, des belles villas habitées par des personnes faisant partie de la classe moyenne, la majorité des habitants du quartier habitent parfois dans des véritables taudis en tôles ondulés loués à des prix toujours exorbitants par les propriétaires. Le chômage contraint les ménages de déménager dans un laps de temps relativement court parce que ne pouvant pas payer le loyer. Les espaces où se tiennent les assemblées des églises de réveil sont aussi venus au secours de ceux qui se retrouvent momentanément sans logis.

C'est dans ce contexte que les anciens travailleurs de l'OCTP ont transformé leur lieu de travail en habitation.

2.1.1 Le bâtiment

Lorsqu'on entre au rez-de-chaussée dans cet immeuble à plusieurs étages situé dans l'avenue Matankumu, on est d'abord frappé par les odeurs. Odeurs des aliments en décompositions, des déchets, des égouts, de l'urine et des matières fécales. Déjà, pour y entrer, lorsqu'on marche en dessous de l'immeuble, il faut être vigilant. Il y a le risque de plonger son pied dans les flaques d'eau de couleur verdâtre qui stagne et où sont parfois jetés des débris de verre. Et aussi il faut éviter de ne pas se laisser arroser la tête par les eaux de ménage, des toilettes ou de la douche qui échappent des fentes des étages de l'immeuble. Et lorsque on est à l'intérieur du bâtiment, la sueur vous coule sur la peau. La chaleur y est insupportable. Ici la télévision est ouverte, les enfants suivent les images. Le volume est très haut pour pouvoir surpasser les bruits des télévisions voisines ou ceux des chansons, des prières et des prêches des églises.

« Le Bâtiment », c'est ainsi que les habitants de Masina sans fil nomment l'immeuble qui abritait l'Office Congolais des Postes et Télécommunication, en abrégé OCPT. Il est situé à la fin de sur l'avenue Matankumu. Il avait a été construit en 1950, lorsque le Congo était encore sous l'administration belge. Sa mission était d'assurer la propagation des ondes de centre d'émissions. A l'intérieur il y avait des grands espaces qui servaient de magasin de stockage de tous les matériaux de communication. L'OCTP était reliée à la grande poste, située en ville par un câble. Les opérations d'émissions s'effectuaient à partir de la grande poste, qui assurait les opérations de la télégraphie, de la téléphonie, du système ondes hautes fréquences, du système de morse, système imprimeur et système ondes moyennes.

Mais en 1983, il y a eu fusion de deux Ministères (Départements) à savoir le ministère de poste, téléphonie et télégraphie (PTT) et celui de l'orientation nationale. Cette fusion a donné naissance à un seul ministère, nommé Ministère de l'Orientation nationale. C'est ainsi que le premier niveau de ce bâtiment à été cédé à l'office zaïrois de radiodiffusion et de télévision (OZRT), actuellement la radiodiffusion et télévision nationale congolaise (RTNC).

Après la construction de la cité de la voix du peuple, la RTNC a quitté le grand bâtiment OCPT pour fonctionner ville. Il est arrivé qu'avec la création du système automatique, l'OCPT fut retiré du circuit. Car un nouveau système automatique a été placé à l'hôtel de poste situé au centre-ville. Ceci a occasionné le délaissement de l'immeuble devenu inoccupé, mais aussi de ses travailleurs dont la plupart n'avait pas été transféré dans le nouveau système.

Il est difficile de connaitre avec précision leurs nombre, mais ces ex travailleurs, déjà frappés par une longue période sans rémunération se sont retrouvés sans emploi, sans aucune garantie de récupérer leurs arrières ou l'assurance de toucher la pension pour ceux qui avaient atteint l'âge de la retraite. Aucune instance ne pouvait leur offrir du secours ou une assistance nécessaire pour réclamer leurs droits. Cette situation avait rendu les travailleurs incapables de couvrir leurs besoins vitaux comme payer le loyer pour ceux qui n'étaient pas par exemple propriétaires des maisons dans lesquelles ils habitaient. Les locataires se retrouvaient victimes des expulsions des maisons qu'ils louaient suite à l'incapacité de pouvoir payer le loyer. Cette situation les avait mis hors toutes conditions humaines.

Devant ce problème, plusieurs travailleurs se sont concertés et ont pris la décision de se loger dans l'immeuble de l' OCTPT et ainsi éviter à leurs familles les incertitudes de la location.

Le centre d'émission radio, jadis destiné aux émissions radios est devenue aujourd'hui un logis pour les agents.

Des longues pièces qui servaient au stockage des machines sont actuellement morcelées à l'aide de cartons, des triplex, des sacs, des pagnes, des banderoles. Ils sont subdivisés en petits studios où habitent des différentes familles. Chaque famille occupe un espace d'environ trois mètres sur quatre, voir plus. Chacun se comporte comme chez lui, il y a une forte promiscuité. Aucune norme n'est mise en place, encore moins un principe pour faire régner la paix. C'est un endroit où les gens se disputent à tout moment. Il y a une sorte de concurrence en fonction de ce que l'on prépare, si on arrive à préparer erc…. Cette concurrence concerne aussi l'habillement etc.

Ces lieux d'habitation se trouvent dans des conditions hygiéniques déplorables. Toutes les ordures ménagères sont entassées devant. Les habitants ne sont pas en mesure de faire évacuer les déchets et viennent les jeter devant par manque d'argent. A la longue ses ordures pourrissent et dégagent des odeurs qui attirent les mouches qui à leur tour se déposeront sur les aliments vendus tout autour du bâtiment. Les moustiques ne sont pas du reste. Le constat est que pendant la journée les moustiques piquent tandis que les mouches flânent sans relâche. A cela s'ajoutent aussi les eaux usées qui ne coulent pas par manque de caniveaux. Le manque de toilette oblige aux habitants du bâtiment de faire leur besoin dans des bouteilles en plastique et autres bidons vide qu'ils jettent sur la voie publique. Quelques uns ont construit des toilettes qu'ils ferment à clé pour empêcher les autres de les fréquenter.

C'est pourquoi il y a des maladies récurrentes qui terrassent les enfants et les adultes. Le paludisme (malaria), la fièvre typhoïde et autres maladies des mains sales qui frappent les habitants du bâtiment OCPT.

Pour survivre, plusieurs activités se sont développées autour du bâtiment. A part le petit marché où sont vendus les vivres, ces agents et leurs membres de la famille exercent des activités informelles. Ces activités s'exercent en dessous de leurs logis. Ils vendent la cigarette, du chanvre, le *lotoko* (boisson alcoolisée à base du manioc), des arachides, la *shikwanga*, des farines de manioc et mais, des fruits. Aussi des tables sont installées pour permettre aux gens de venir jouer au lotto.

Aussi, la vie dans le bâtiment a un grand impact sur les enfants. Peu d'enfants pensent à leur scolarisation, malgré le manque de moyens financier de leurs parents. Ces enfants ne jouissent pas d'un bon encadrement de leurs parents. Ils assistent à des scènes ignobles. Ils sont témoins des bagarres des adultes, aux injures obscènes des intimités entre parents ou voisins. Tout ce qui se dit, ou se fait tombe dans les oreilles des enfants. A partir de là ils apprennent déjà à voler par ci, par là pour chercher quoi mettre sous la dent. C'est vraiment un lieu où les enfants sont initiés à devenir des petits voleurs, délinquants et *kuluna*. Les filles pratiquent une autre activité qui est cachée qui est la prostitution. A cause de la promiscuité, elles ont des relations sexuelles avec des hommes ayant l'âge de leurs papas, les garçons deviennent des amants des mamans plus âgées qu'eux et les jeunes ont des relations sexuelles entre eux sans aucune protection. Il y a des filles mères et des garçons pères mais célibataires. Le mariage devient difficile dans ce bâtiment.

Toute ceci s'explique par le fait que les parents, à cause de leur pauvreté, cessent d'être autoritaires. Ils sont dépourvus de moyens financiers pour être puissants. Ils n'ont pas de quoi couvrir les besoin vitaux de ces enfants. Ce comportement affiché par les parents donne la liberté aux enfants de se méconduire.

Tour ceci se passe au vu et su de la police nationale qui a aussi ses bureaux en états misérable dans une aile du bâtiment. Les policiers sont toujours assis, à la recherche d'une occasion pour donner une contravention. Pour avoir un revenu, les policiers on créé un parking devant leur bureau. Les habitants du quartier qui ont véhicule mais pas d'espace pour le garer dans leur parcelle peuvent laisser, moyennant paiement, leur véhicule la nuit devant l'immeuble.

Conclusion

Au Congo, le gouvernement est incapable d'assurer la survie de ses employés. Avec comme conséquence la dégénérescence de leurs conditions de vie. Elle a participé à la paupérisation des familles. La population de Kinshasa a appris que se prendre en charge est l'attitude clef pour affronter le quotidien. Les gens se rendent justice dans plusieurs domaines. L'exemple de la transformation du bâtiment de l' OCTP par ses agents pour compenser les manquements de l'Etat n'est pas exhaustif. Il ouvre tout simplement une petite fenêtre sur ce qui se passe dans le quotidien des Congolais, qui font à leur manière face à la cécité de l'Etat à l'égard des problèmes vécus par ces sujets.

La promotion des médicaments traditionnels en RDC

par Toussaint HOSILA NZEMBA

Introduction

Parmi les métiers pratiqués par les Congolais et qui traduisent leur identité culturelle, celui de la pharmacopée africaine, de la production des médicaments traditionnels est à la une. Aujourd'hui, ce secteur sanitaire, issu des savoirs autochtones endogènes se trouve dans l'obligation de faire face à des nombreux défis pour sortir de la marginalisation dans laquelle elle avait plongée par le colonisateur et qui a été poursuivies dans la période postcoloniale.

Malgré cette marginalisation dans laquelle est soumise la promotion des produits médicaux traditionnels locaux sur le marché, les Congolais, suite au manque criant de revenus, y font recours pour les soins à cause de leurs coûts abordables par rapport aux produits pharmaceutiques modernes. A l'heure actuelle, notamment lors de l'avènement de la covid 19, bien que confrontée aux problèmes des conditions requises pour la production, l'administration des posologies, la conservation, la distribution et la commercialisation, la pharmacopée congolaise est en plein essor. Elle est parvenue à faire face à la concurrence des produits pharmaceutiques occidentaux et asiatiques chinois et indiens, qui inondent les pharmacies congolaises disséminées sur l'étendue de la RD Congo. La non accession des officines de production des médicaments traditionnels au micro ou au macro-crédit marque un

collection privée

frein dans le processus de mutation de ceux-ci de l'informel au formel. Il y a enfin lieu d'évoquer ce qui est relatif à l'efficacité et l'innocuité des thérapies traditionnelles, ainsi que des méthodes contraceptives, tant contestées par les spécialistes bio-médicaux pour qui elles ne seraient pas encore approuvées scientifiquement (Heffner, 2003, p.68).

Dans cet article, nous aimerions aborder trois points qui touchent à la pharmacopée traditionnelle. Nous examinerons l'ethnographie des produits médicaux traditionnels congolais, ensuite l'état des lieux au sujet de ce secteur et enfin la question de leur promotion.

1. l'Ethnographie des produits médicaux traditionnels congolais

Les produits médicaux traditionnels congolais brillent par leur luxuriance ou variété et leur exubérance, autrement dit leur abondance. Ils sont omniprésents partout où vivent les Congolais dans le pays, en vue de résoudre les problèmes relatifs à leur santé, tel que les ancêtres leur ont appris, ou « c'est parce qu'ils ont été élevés ainsi » (Klukhohn, 1966, p25).

1.1. Les variétés des produits médicaux traditionnels

Le tradi-praticien ou tradi-thérapeute se sert des matières d'origine animale, végétale ou minérale pour la fabrication des médicaments. En médecine traditionnelle, le tradi-praticien œuvre au four et au moulin, puisque lui-même prépare et administre le remède au patient, tandis qu'en médecine moderne, le rôle est partagé entre le pharmacien et le médecin (Ahluwalia, 1979, p.24).

Pour les matières d'origine animale, le tradi-thérapeute fait recours aux organes de certains animaux que le patient frotte sur la partie infectée du corps ou consomme, à l'instar des écailles calcinées du pangolin, et réduite en cendre que le peuple Yansi du Secteur Nkara, Territoire de Bulungu, dans la Province du Kwilu, utilise pour le traitement du furoncle (abcès).

A propos des matières d'origine minérale, le tradi-praticien utilise la terre des termitières, du sel indigène, du kaolin *(ngola)*. Par exemple, chez les Babunda du Territoire d'Idiofa, dans la Province du Kwilu, ces derniers appliquent le *kaolin* sur le visage de l'épileptique, lors de la séance thérapeutique.

En ce qui concerne les matières d'origine végétales, le tradi-thérapeute recourt aux plantes, en se servant de leurs écorces, leurs feuilles, leurs racines ou leurs sèves. De ce fait, les formes galéniques traditionnelles usuelles sont : les macérés obtenus, par exemple, par une dissolution de l'écorce d'un arbre dans l'eau ; les décoctés ou des tisanes provenant, par exemple de l'ébullition des feuilles médicamenteuses pendant un moment précis ; les infusés, en versant de l'eau bouillie dans un récipient contenant, par exemple, la racine d'une plante médicinale, la tisane ainsi obtenue devient un médicament, les sucs végétaux enfin, sont issus, soit des feuilles, soit des écorces, par simple trituration (pression), à partir des mains ou pilées dans un mortier et aussi, par incision sur les organes de la plante, en produisant ainsi des sèves médicamenteuses.

1.2. Modes de transmission des savoirs endogènes en pharmacopée congolaise

A propos des savoirs ou connaissances endogènes, Bruno Lapika (2009) pense que « chaque société véhicule une connaissance assez systématique du milieu et de la nature, et cette

collection privée

connaissance est généralement incluse dans un univers de perceptions où se mêlent les éléments religieux, moraux et sociaux, qui peuvent concourir à une adaptation relativement correcte au milieu, aux techniques et au groupe social ». La transmission des savoirs propres à la pharmacopée congolaise s'opère, soit par héritage, c'est-à-dire, le novice est initié dans le métier par un parent, mais il ne pourra devenir indépendant qu'après la fin de la carrière de ce dernier ; soit par l'échange qui s'effectue entre le tradi-praticien et le novice. A cet effet, les deux parties vont se mettre d'avance d'accord sur la nature des objets à échanger : le tradi-praticien livre la connaissance et l'apprenti des objets matériels, tels que convenus ; soit par révélation, au cours de laquelle le novice subit une épreuve d'ordre mystique où les esprits confèrent à celui-ci le pouvoir de guérir (Corin, 1975, p.31).

2. Etat de lieux des produits médicaux traditionnels congolais

Les produits médicaux traditionnels congolais sont diversifiés. Ils couvrent une gamme variée de médicaments qui traitent la malaria, la typhoïde, la gastrite, les rhumatismes, les hémorroïdes, etc, ainsi que les pathologies difficilement guérissables par la bio-médecine, en l'occurrence, l'épilepsie, l'éléphantiasis, certaines maladies nerveuses, etc.

Depuis les temps immémoriaux, les Congolais se sont toujours servis de leurs remèdes ancestraux, en vue de traiter les maladies déjà connues et inconnues. L'ensemble de ces médicaments constitue donc le patrimoine sanitaire que les ancêtres leur ont légué, et transmis de génération en génération. Dans cette optique, leurs usages revêtent un caractère culturel, c'est-à-dire, propre à chaque communauté. Comme qui dirait, chaque peuple a ses manières spécifiques de guérir ses maladies. Dans ce contexte précis, la culture, c'est la façon dont vit un groupe d'individus ; la façon dont il va, compte tenu de son milieu, répondre aux stimulations de l'environnement pour la satisfaction de ses besoins (Robert, M.-A., 1968, p.19). Il s'agit bel et bien, dans notre propos, de la satisfaction de besoins inhérents aux soins médicaux. Les colons belges, en interdisant la pratique de la médecine traditionnelle, avaient, par conséquent, interdit la production et l'usage des médicaments traditionnels en les qualifiant de surannés, de barbares, et de non conformes aux normes scientifiques. Ce qui a fait que les Congolais, sous l'effet de l'aliénation, ont nié les valeurs propres à leur culture ancestrale. Actuellement, avec l'accessibilité difficile aux institutions médicales à l'occidentale, suite aux coûts onéreux de leurs produits et services, les produits médicaux traditionnels sont de plus en plus consommés. Une nouvelle dynamique venait de se créer, et qui les avait fait sortir de la clandestinité, dans laquelle ils étaient produits pour faire face à la concurrence sur le marché des produits médicaux. A ce propos, le domaine n'étant pas encore règlementé, il faudra lutter contre les charlatans des médicaments traditionnels, disséminés à travers l'étendue du territoire national, qui ternissent l'image de marque de ce secteur de santé du type endogène.

3. La promotion des produits médicaux traditionnels congolais

3.1. De l'informel au formel

La promotion des produits médicaux congolais ne doit pas être considérée comme un jeu d'enfants, ou quelque chose d'anodin, de factice pour les faire accéder à la concurrence au niveau du marché local et mondial. A ce propos, Ka Mana soutient que « les Congolais ne sont pas condamnés à vivre à jamais sous le joug d'un ordre mondial impitoyable…ni à croire que la reconstruction de la RDC dépend du génie des peuples étrangers… comme si le Congolais n'avait en lui-même aucun génie créateur et organisateur pour bâtir son pays » (Ka Mana, 2012). L'auteur veut tout simplement dire que la promotion des produits médicaux doit avant tout être une initiative des Congolais qui, grâce à leur esprit de créativité, d'inventivité et d'innovation, sont tenus à relever ce défi.

Au regard de ce qui précède, la promotion des produits médicaux, pour qu'elle devienne effective, va exiger un changement de mentalités de la part des acteurs notamment les pouvoirs publics qui sont appelés à œuvrer pour ladite promotion. Mais aussi les tradi-praticiens eux mêmes, les pharmaciens, les experts en anthropologie médicale, en sociologie médicale, en psychologie clinique, etc. sont tenus à savoir que la pharmacopée est « un héritage social à caractère dynamique qui peut se modeler sous l'influence de contraintes et des interactions extérieures nouvelles. » (Robert, M.-A., 1968, p.66).

Au départ, il faut une volonté politique susceptible de rendre nos produits médicaux traditionnels performants. L'inventaire des fabricants desdits médicaments s'avère indispensable, dans le but de sélectionner les plus méritants, en envisageant à leur intention des formations en renforcement des capacités et de mise à niveau. Dans ce contexte, l'éducation est un investissement, car elle est un instrument d'amélioration de la productivité (Lungungu Kisoso, A., 2015, p.143).

Face à la recrudescence de la pauvreté et la détérioration davantage les conditions sociales de la population, la promotion des produits médicaux traditionnels peut contribuer à la croissance économique, en prenant en compte « le capital humain qui influence positivement et d'une manière significative le revenu par habitant » (Lungungu Kisoso, A., 2015, p.145). Le capital humain dont il est question, s'illustre en termes de la main d'œuvre que sont les fabricants de médicaments traditionnels congolais.

Il s'avère opportun, voir utile, que lesdits fabricants puissent se regrouper en corporations ou en associations, dans le but ultime de rendre leur labeur efficace et efficient, à l'instar des coopératives agricoles. Ensemble, ils pourront faire entendre leurs voix, revendiquer leurs droits face aux pouvoirs publics, sur la question épineuse des subventions qui leur sont nécessaires, en vue d'améliorer leurs outils de travail et aussi, la protection de leur métier par des textes juridiques adéquats et adaptés aux exigences de l'heure.

A titre récapitulatif au présent volet de notre recherche, il est donc question de faire quitter du cadre informel que sont les activités de fabrication des médicaments traditionnels congolais au cadre formel.

D'où, l'appui du gouvernement s'avère déterminant, ainsi que la formation continue des fabricants desdits médicaments traditionnels, sans omettre la prise en compte, par ceux-ci, de l'évolution des recherches pharmacologiques, et qui exige à nos fabricants de s'adapter à cette dynamique, car cela ne signifierait pas nier leur culture traditionnelle, c'est-à-dire, méconnaitre le génie créateur des ancêtres en cette matière.

3.2. *L'expérience du Centre de Recherche Pharmaceutique de Luozi, (CRPL)*

Le Centre de Recherche Pharmaceutique de Luozi est l'œuvre du pharmacien Etienne Flaubert Batangu Mpesa. Son parcours scientifique est élogieux. Pharmacien diplômé à l'Université Lovanium en 1971, il obtient après une maîtrise en sciences pharmaceutiques de l'Université de Montréal au Canada en 1980. Revenu au pays, le pharmacien travaille sans relâche à faire de son centre une entreprise moderne de production des médicaments.

Reconnu comme chercheur phytothérapeute, il a dans son effectif découvert des médicaments approuvés scientifiquement, qui soignent avec efficacité la diarrhée amibienne dénommé « *Manadiar* », celui de la malaria, le « *Manalaria* » et récemment, le « *Manacovid* » contre la Covid-19.

La trajectoire de chercheur phytothérapeute de Batangu Mpesa est brillante, dans la mesure où le *Manadiar* obtiendra l'autorisation de mise sur le marché par la Direction de la Pharmacie et des Médicaments (DPM), en 1984 (Cahier du Pharmacien, n°1, mars 1986).

De ce fait, le *Manadiar* demeure le premier médicament produit localement, à partir des plantes, par le génie créateur d'un Congolais, sur base des savoirs endogène, ayant des vertus thérapeutiques ou curatives contre la diarrhée, la dysenterie, les amibiases, etc.

Après le succès sans précèdent du *Manadiar*, le pharmacien Etienne Flaubert Batangu Mpesa va diriger ses recherches pour le traitement efficace contre le paludisme. Ce qui l'amène à fabriquer le *Manalaria*. Ce dernier était bien convaincu que la diarrhée et la malaria décimaient beaucoup de personnes, surtout en Afrique subsaharienne.

Le mérite et la renommée mondiale du pharmacien chevronné, Batangu Mpesa, demeurent incontestablement dans la production de *Manacovid*, un produit pharmaceutique toujours à base d'extrait des plantes ayant des vertus thérapeutiques contre la Covid-19 à tous les stades de la maladie.

Le 13 avril 2020 le *Manacovid* est retenu officiellement par la commission scientifique du Ministère de la Recherche Scientifique et Innovation Technologique, et le jour après, l'anti-covid-19 était mis en flacon et prêt à l'utilisation. Les tests, pour approuver son efficacité et son innocuité, ont été concluants. Aujourd'hui, le *Manacovid* est considéré, à travers le monde, comme un médicament efficace et efficient contre la Covid-19.

Il est considéré, à juste titre, comme le couronnement d'une brillante carrière scientifique que l'entourage du célèbre pharmacien de Luozi considère comme étant l'évènement qui marque la fin de sa carrière (Journal Action, Nouvelle série n°102, 5 janvier 2021, pp.3-4).

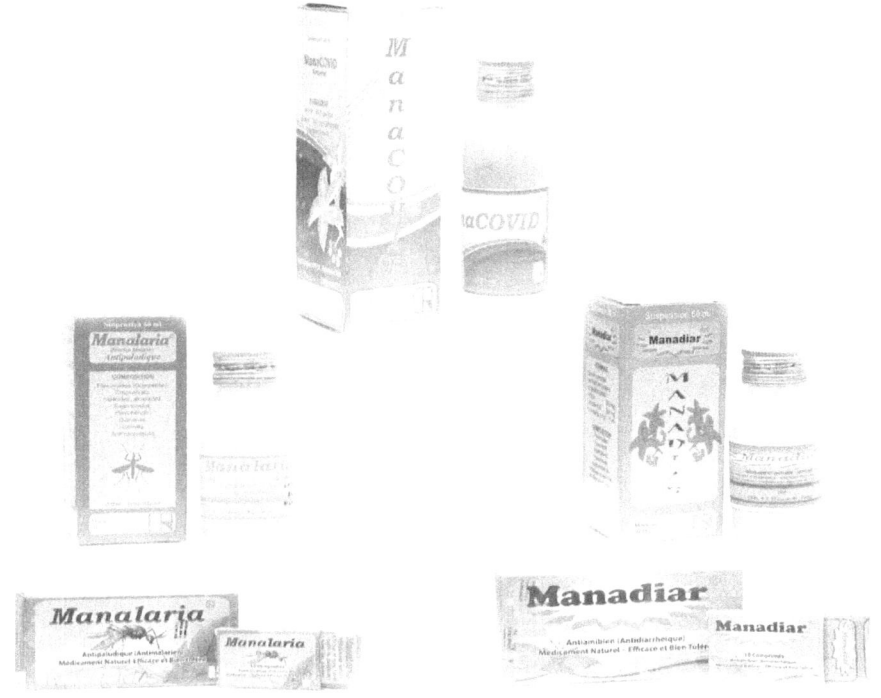

Source: http://www.crpluozi.org

Les recherches pharmaceutiques d'Etienne Flaubert Batangu Mpesa trouvent leurs fondements dans la médecine traditionnelle congolaise, et particulièrement dans celle des Bakongo, dans la province du Kongo-Central, en RD Congo. Rappelons que son domaine précis d'investigation est la phytothérapie, autrement dit, le traitement de maladies par les plantes.

Ledit chercheur, avec ses quarante ans de recherche et d'expérience sur les plantes médicinales, n'a cessé de répéter que « Dieu dans sa prescience a prévu aliments et remèdes contre les maladies. Le naturel est meilleur que le synthétique de l'industrie » (Journal Action, Nouvelle série n°102, 5 janvier 2021, p.9).

Dans cette optique, celui-ci ne s'est pas démarqué de sa culture médicale traditionnelle, qui demeure le socle de ses recherches pharmaceutiques, mais il s'est approprié des technologies occidentales, pour rendre ses médicaments consommables par les patients internes et externes, parce que lesdits médicaments sont fabriqués selon les normes requises ou standards. Il s'agit donc là d'un exploit, par un natif Congolais, et qui vaut la peine d'être évoqué avec fierté.

Aujourd'hui, le Centre de Recherche Pharmaceutique de Luozi est structuré et organisé, à telle enseigne qu'il est mondialement reconnu grâce à ses découvertes. Il a quitté la catégorie des activités informelles à celles de nature formelle. Ce centre est en pleine croissance, grâce au savoir-faire d'un personnel scientifique et technique chevronné. Le secret du pharmacien Batangu Mpesa réside par le fait d'avoir concilié le traditionnel et le moderne dans la fabrication de ses médicaments et également, d'avoir appliqué les principes du management dans la gestion de son centre de recherche (https://m.www.wikipédia.org).

3.2.1. Défis et perspectives d'avenir

Le Centre de Recherche Pharmaceutique de Luozi (CRPL) est confronté comme toutes les petites et moyennes entreprises de la

RD Congo à des difficultés énormes, d'ordre financier et matériel. Les besoins impérieux de moderniser ses équipements de production des médicaments, d'installer des antennes ou des succursales à l'intérieur du pays et d'acquérir des fonds nécessaires en vue d'améliorer les conditions d'existence de son personnel, s'imposent avec acuité, en vue d'assurer la croissance du centre de recherche sus-évoqué.

A ce propos, le gouvernement congolais devait disposer des moyens adéquats destinés aux institutions productrices des médicaments traditionnels, pour valoriser nos savoirs endogènes et partant, notre identité culturelle.

Ainsi, l'expérience du Centre de Recherche Pharmaceutique de Luozi est un exemple concret d'émergence d'une entreprise pharmaceutique, par un digne fils du pays, Etienne-Flaubert Batangu Mpesa, à partir de nos savoirs endogènes, et particulièrement à base des médicaments naturels.

En effet, le *Manacovid* a été présenté à Addis-Abeba par le Président Félix Antoine Tshisekedi Tshilombo, alors Président de l'Union Africaine, comme solution efficace contre la Covid-19 (Ministère de la santé publique, 2021). Malgré la contre-propagande de certains milieux arguant qu'au sein du continent noir, rien de bon ne pourrait sortir, le pharmacien Batangu Mpesa vient de prouver le contraire par cette découverte.

La devise de Batangu Mpesa est, en latin : « *Fiat secundum artem* », qui signifie : « *Faites selon votre art* ». Cela illustre bien la méthodologie de celui-ci, utilisée dans le processus d'invention de ses médicaments, c'est-à-dire, il fait usage de ses connaissances scientifiques acquises et aussi, des savoirs endogènes issus de la subjectivité collective, propre à l'identité culturelle du peuple Kongo.

Ce qui vient d'être évoqué ci-haut, illustre bel et bien le secret du succès de Batangu Mpesa dans ses recherches pharmaceutiques.

Conclusion

Le secteur de la pharmacopée congolaise mérite d'être valorisé et partant, celui de la fabrication des médicaments traditionnels qui y découle. Cependant, ledit secteur qui ne fait pas la préoccupation des autorités du pays, se trouve aujourd'hui dans l'impasse, en mettant ainsi en péril notre culture traditionnelle en matière thérapeutique et aussi, en négligeant l'apport dudit secteur dans le développement endogène du pays.

La fabrication des médicaments traditionnels, qui trouve sa genèse dans le génie créateur de nos aïeux, fait preuve d'excellence sur les traitements de certaines maladies que la médecine occidentale y parvient difficilement. Ladite fabrication des médicaments privilégie les thérapeutiques naturelles qui sont d'ordre culturel, car elles manifestent l'identité culturelle du peuple congolais.

D'où, il sera donc question de vendre l'image de marque du pays, par le canal des variétés des produits médicaux issus de l'esprit de créativité, d'inventivité et d'innovation des chercheurs congolais, dans le contexte des recherches transversales, regroupant pharmaciens, tradi-thérapeutes, médecins, bio-chimistes, anthropologues, sociologues, psychologues, etc..

Cette démarche, pour qu'elle aboutisse, demande le concours des pouvoirs publics, par les subsides qu'ils accorderont aux fabricants des médicaments traditionnels dans leurs centres ou industries pharmaceutiques, voire leurs corporations.

L'objectif visé serait de leur faire accéder aux micro ou macro-crédits selon les cas, en vue de les faire passer du stade de petites aux moyennes entreprises, pourquoi pas aux grandes entreprises, comme cela se passe sous d'autres cieux, par exemple en Chine, en Inde, etc.

Avec l'évolution du monde scientifique, les fabricants des médicaments traditionnels chercheront à œuvrer, en synergie, dans le but de manifester leur visibilité et leur contribution en matière de santé dans l'exigence du « donner et du recevoir » chère à la mondialisation.

De ce fait, il faudrait que l'Etat congolais fasse accéder les fabricants des médicaments traditionnels congolais à la concurrence, face aux produits médicaux étrangers. Cela demandera que lesdits fabricants puissent jouir de la formation continue et ce, en collaboration avec l'université, dont le rôle est d'aider les communautés, les entreprises et les associations, etc., à pouvoir trouver des solutions aux problèmes qui se posent en leurs seins. Cependant, nos universités congolaises semblent être éloignées des communautés et des problèmes réels qui entravent leur développement durable. A ce propos, les Etats généraux de l'enseignement supérieur et universitaire, tenus dernièrement à Lubumbashi, ont réfléchi sur des voies et moyens de rendre nos universités et instituts supérieurs viables, opérationnels et aptes à accompagner nos communautés respectives dans leurs efforts pour le bien-être et le progrès.

Bibliographie

AHLUWALIA, R. et Mechin, B., 1979. *La médecine traditionnelle au Zaïre : Fonctionnement et contribution potentielle aux services de santé*, Ottawa, CERDI

BOUQUET, A., 1963. *Féticheurs et médecines traditionnelles au Congo*, Paris-Brazzaville, Orstom.

CORIN, E., 1975. La médecine des guérisseurs à Kisangani, in B. *Verhaegen (Ed)*, Kisangani, 1976, *Histoire d'une ville*, Kinshasa, PUZ.

Communication du Ministère de la Santé publique à la Radio-télévision Nationale Congolaise (RNTC, le 25 janvier 2021, à 14h25'

HEFFNER, L.-J., 2003. *Reproduction humaine*, Bruxelles, De Boeck.

Journal Action, Nouvelle série n°102, 5 janvier 2021.

KA MANA, 2012. Changer la République Démocratique du Congo, Bafoussan (Cameroun), CPICRE.

KLUCKHOHN, C., 1966. *Initiation à l'anthropologie*, Bruxelles, Charles Dessart.

LAPIKA DIMOMFU, B., 2009. « Savoirs endogènes et développement durable en Afrique », in Recherches Philosophiques Africaines, n°35, Actes de la XVIIIe semaine Philosophique. Colloque international co-organisé avec l'ISP de l'ULC du 20 au 24 janvier 2009, « Respect de la nature et Développement. Enjeux éthiques du développement durable », Facultés Catholiques de Kinshasa, 2009.

LUNGUNGU KISOSO A. 2015. « L'impact de la santé et de l'éducation sur le produit intérieur brut », in IRES, Vol XXXII, n°4.

ROBERT M.-A., 1968. *Introduction à l'anthropologie sociale*, Paris, Vie ouvrière.

TAMBA, V., 1982. Développement de la médecine traditionnelle zaïroise : facteurs importants dans la couverture des soins de santé primaires, in *Authenticité et développement : Actes du Colloque National sur l'authenticité*, Paris, Kinshasa.

TSHUNGU BAMESA, 1992. LA médecine traditionnelle en Afrique Centrale : Statuts quaestionis, in Publication CEDISAC, série Documentation, Lubumbashi.

Https://m.wikipédia.org

Pratiques tontinières des femmes à Kinshasa

par Donatien MULAMBA KATOKA

Introduction

La République Démocratique du Congo est confrontée à une profonde crise multiforme, inqualifiable et inimaginable qui s'est particulièrement amplifiée depuis les années 1990, considérée par d'aucuns comme résistante à toute thérapie. Ainsi, elle éprouve d'énormes difficultés pour garantir le bien-être social à la population. Son économie a difficile à se relever de cet état piteux, et présente un tableau sombre : dégradation du cadre global par le déficit des finances publiques, l'inflation récurrente, le taux de chômage parmi les plus élevés de la planète etc.

Face à ce tableau sombre, la population Kinoise, dont particulièrement les femmes, entreprend quelques activités de survie, et faute d'accès au système formel de crédit, recourt aux mécanismes de solidarité (*likelemba, moziki*) pour assurer la continuité de ces activités. Comment ces femmes tissent-elles les réseaux de solidarité ? Quels avantages et quelles faiblesses présentent-ils ? Comment les rendre plus compétitifs et professionnels? C'est autour de ces questionnements que tourne cette réflexion.

Pour la production des données, nous nous sommes appuyé sur des sources documentaires et sur les entretiens avec les femmes. Ce texte est structuré en trois points en dehors de l'introduction et de la conclusion. Le premier point présente quelques activités entreprises par les femmes. Le deuxième traite de la tontine et le troisième aborde la question la relative à la pratique tontinière.

I. Quelques activités de survie

Suite à la crise économique généralisée, aux défaillances des services publics de l'État, et à la rareté d'emplois salariés, la population Kinoise est tournée aux diverses formes d'auto-emploi, besognes et expédients pour résister contre la crise. La débrouille est devenue l'art de vivre, comme l'a si bien déclaré Pépé Kallé, un musicien congolais, dans la chanson « Article 15, *beta libanga*, débrouillez-vous pour vivre ». Les femmes ont bien maitrisé cette leçon à laquelle elles se réfèrent au quotidien. Nous essayons de dégager ci-dessous quelques unes de ces activités.

Petit commerce

Le petit commerce constitue pour la majeure partie de la population *Kinoise* la principale source de revenu en dehors du travail salarié et les femmes y sont très actives. On les retrouve, non seulement dans les rues et marchés, mais aussi en tout lieu d'intenses transactions commerciales, y compris parkings, grands carrefours, gares routières et ports fluviaux, installations des entreprises privées et services publics, établissements d'enseignement primaire, supérieur et universitaire, terrasses et débits de boissons, etc. Elles vendent des produits alimentaires (épices, manioc, maïs, huile, haricots, « chikwangwe », feuilles de manioc, arachides, bananes, avocats pains, viande de brousse, beignets, poisson, sucre, sardines, charcuterie) et manufacturés (habits, cigarettes, sachets, emballages, appareils électroménagers, appareils cellulaires, meubles, souliers, chemises, pantalons, cartables, pièces de rechange pour véhicules, motos et vélos, matériels scolaires, produits pétroliers et brassicoles, friperies, etc.

Restauration de rue «Malewa »

Célébrés il y a quelques années par Werrason, l'un des chanteurs congolais les plus populaires, les *malewa* sont apparus au pays, et plus particulièrement à Kinshasa, au début des années 1990 suite à l'effondrement de l'économie congolaise, dans les dernières années du règne de Mobutu. Ce concept tire son origine du mot « nourriture » que les *Kinois* ont transformé en « *malewa* » (en argot lingala). Il s'agit, en fait, de petits restaurants de fortune que l'on trouve un peu partout et dont le menu est accessible à toutes les bourses. En effet, il est impossible de parcourir aujourd'hui un quartier ou même une avenue de la ville de Kinshasa sans trouver des « *malewa* ». Ils sont partout : dans les universités, certains bâtiments des offices publics, dans les marchés ainsi qu'aux coins des rues à tel point qu'il est pratiquement impossible d'en établir des statistiques exactes.

Ces petits restaurants sont souvent tenus par les femmes « confrontées à de nombreux aléas de la vie qui les poussent à inventer et réinventer, sans cesse, des stratégies capables de leur assurer tant soit peu la survie » (Mulamba Feza, 1919, p.345). Ce métier n'est pas régi par un code d'éthique, quiconque le veut, l'embrasse comme il peut. Avec un équipement modeste de quelques casseroles et assiettes, on se tire facilement d'affaires sans beaucoup de soucis. On y sert des mets congolais locaux : « soso ya supu » (poulet à la sauce), « thomson » (le poisson chinchard grillé ou à la sauce), viande de vache à la sauce, mbika (grains de courge), wangila (Sésame), champignons, gombo, pondu (feuilles de manioc), matembele (feuilles de patate douce), madesu (haricots), ngayi ngayi (oseille), makayabu, (poisson salé), ndakala (fretins), nyama ya nzamba (viande de brousse), accompagnés de safu, du riz, de fufu (pâte de manioc), de banane plantain ou de chikwangwe. Les prix des plats, accessibles à tout le monde, varient de 500Fc à 2000Fc (0,25-1 dollar us), ce qui permet à chaque client de manger selon ses moyens.

Cependant, dans ces gargotes de rue, l'hygiène alimentaire n'est pas rigoureusement respectée. Beaucoup sont installés, soit à côté de fosses septiques ou en pleine rue, au milieu de la poussière et de gaz d'échappement des véhicules, soit à proximité de caniveaux d'eau croupie ou de tas d'immondices. Les clients sont entassés les uns contre les autres, surtout aux heures de pointe, dans ces cadres en bois, en bambous ou en rideaux, aux toits en paille ou en bâche démontables à souhait. Ils sont servis de repas avariés, sources de maladies, plus particulièrement de celles dites « des mains sales (diarrhées, vers intestinaux, fièvre typhoïde, choléra…).

Ces restaurants populaires, pris d'assaut par un grand nombre de la population kinoise à cause de leur accessibilité, permettent aux femmes d'avoir un petit gain à la fin de la journée pendant cette période de basse conjoncture.

Courtage « mamans manœuvres ou bipupula »

Ce système est constaté dans les petits ports fluviaux, parkings et gares ferroviaires. A chaque arrivée des camions, des bateaux pousseurs apportant des produits agricoles de la campagne vers la ville, ou des trains, ces femmes s'emparent presque de force de la marchandise et se chargent de la vendre aux acheteurs, soit disant pour aider les vendeurs à vite écouler leurs produits et leur éviter de nombreuses tracasseries, très courantes. Elles s'imposent en véritables intermédiaires entre les producteurs ou les commerçants et les consommateurs ou les revendeurs en détail sur le marché. Alphonse Nekwa note à propos que : « Comme à l'accoutumée, à l'arrivée d'un véhicule chargé de marchandises, des femmes accourent en lançant des cris de joie. Elles jettent leurs pagnes dans le camion comme pour désigner chacune un produit, se disputant parfois à plusieurs. « C'est moi qui ai choisi ces caisses de tomates », crient deux d'entre elles en se chamaillant, sous le regard amusé d'une paysanne, propriétaire de la marchandise » (NEKWA, A., 2021).

Très habiles pour retarder ou écouler en un temps record les produits à leur charge, et disposant d'une capacité suffisante de nuisance, au cas où les producteurs ou les vendeurs refuseraient leur assistance, en influençant négativement les consommateurs ou les revendeurs, elles deviennent une voie obligée surtout pendant la période d'abondance des produits sur le marché. Elles sont des principales actrices dans la chaîne de fixation des prix de certains produits sur les marchés de la ville de Kinshasa.

L'habileté à manœuvrer sur les prix à tel point qu'elles sont parfois à la base de la hausse de prix de produits sur le marché, leur permet de se faire une marge bénéficiaire, et gagnent en peu de temps plus que les producteurs qui ayant durement travaillé. D'où le surnom de « *mamans manœuvres* ».

Cette pratique est souvent décriée par quelques observateurs qui lançant un cri d'alarme auprès de l'Etat pour sécuriser les gagne-petit en l'abolissant. Mais, ces femmes se battent bec et ongle contre tout celui qui les accuse d'entretenir la surenchère sur le marché. Ainsi, pour éviter toutes les taquineries, elles refusent d'être appelées « *mamans manœuvres* » et se regroupent en une association des mamans vendeuses des produits alimentaires.

Maraichage

Le maraîchage joue un rôle important dans l'approvisionnement de la ville de Kinshasa en légumes frais. Surtout pratiqué par des femmes qui ne disposent pas d'autre moyen pour gagner leur vie, Tollens (2003) le qualifie du « maraîchage de survie ». En effet, des espaces verts à travers différents quartiers de la ville sont mis à profit par ces femmes qui produisent une variété de légumes livrées sur le marché de Kinshasa au prix accessible à toutes les bourses : amarantes, choux, poireaux, piments, tomates, aubergines, oignons, etc. La Commune de N'djili constitue l'un des sites importants de cette activité. Les maraichers se regroupent au sein de l'Union Coopérative des Maraichers de Kinshasa « UCOOPMAKIN », structure créée le 27 novembre 1987, à la fermeture du Centre de Commercialisation des produits Maraichers et Fruitiers « CECOMAF » en sigle. Une importante fraction de femmes faisant partie de cette organisation, sans appui financier, connaissent d'énormes difficultés en matière d'équipement, d'intrants et de commercialisation de la production.

Comme on peut bien le constater, ces activités ne génèrent pas beaucoup de bénéfices pour permettre à ces femmes d'assurer leur survie et de garantir la continuité des activités. Ainsi, comme palliatif, elles recourent aux mécanismes de solidarité, notamment à la tontine.

II. Solidarité : source de la tontine

La tontine n'est pas un produit spontané, elle relève de la solidarité : «un devoir social, une obligation d'aide, d'assistance ou de collaboration gracieuse entre les individus d'un groupe ou d'une communauté (Dictionnaire français, 2017). En cas d'événements malheureux (sinistre, catastrophe naturelle ou humaine, inondation, accident, sécheresse, incendie, décès, épidémie, perte d'emploi, etc.) ou heureux (mariage, promotion, naissance, etc.), les membres de la communauté s'assistent et se réconfortent. Mais, cette assistance est très souvent basée sur le principe de réciprocité qui est la règle d'or de la tontine.

2.1. Réciprocité

La réciprocité c'est l'échange créant un lien entre les individus et les oblige à donner, recevoir et rendre. On distingue généralement la réciprocité dissymétrique de la réciprocité symétrique.

2.2.1. Réciprocité dissymétrique

Dans la société africaine, les chefs, les notables, les marabouts ou les parents par alliance jouissent d'une certaine honorabilité à tel point qu'on leur doit respect et obéissance. Il s'agit de travail collectif à leur profit, en échange des repas, boissons ou autres prestations, matérielles ou sociales. C'est notamment le cas des travaux de champs, de récolte, de construction d'habitations, etc.

2.2.2. Réciprocité symétrique[1]

Il s'agit de l'échange réciproque de travail ou de service à travers des organisations ou structures appelées tontines ou mutuelles à ristourne (Ependa, M.L., Augustin, 2002, p.16). Celles-ci regroupent des individus qui se connaissent bien et se font confiance pour l'entraide mutuelle à tour de rôle. Elles sont

---
[1]Pour plus de détails, lire GENTIL, D., *Les pratiques coopératives en milieu rural africain*, Paris, Éditions L'Harmattan, 1984.

interprétées par Henry et al. (Hugon, P., 2001, p.56.) comme « un système de prestations totales (…) : on y échange de l'argent et du travail, mais aussi des repas, des rites, notamment des deuils, des obligations d'amitié et des conseils». C'est le cas de regroupements paysans qui, dans le but d'accroître la productivité du travail, « constituent des groupes afin de mettre à la disposition de chaque membre, de manière rotative, l'ensemble de leur force de travail » (Nzemen, 1988). Dans le même registre, Michel Lelart (1989 : p. 212) note à propos que : « Les paysans ont toujours eu l'habitude de travailler ensemble dans leurs champs respectifs : le premier jour ou la première semaine, tous dans le champ du premier, le deuxième jour ou la deuxième semaine, tous dans le champ du deuxième… jusqu'à ce que tous les champs soient cultivés ».

Pour résoudre les difficultés liées au manque de crédit, se sont créées des associations d'épargne et de crédit rotatif « AECR ». Celles-ci sont « constituées par un groupe d'individus qui décident, d'un commun accord, de contribuer périodiquement à une caisse commune (cagnotte). Les fonds de la cagnotte sont alloués à tour de rôle à chacun des membres du groupe ; lorsque tous les participants ont reçu la cagnotte, l'AECR recommence ou est dissoute » (Besley et al., 1993, p.1). Il s'agit pour Desroche Henri (1990), d'«un mode d'épargne collectif où la notion de groupe est déterminante dans la collecte et la distribution des fonds ; le groupe tontinier se présente comme un médiateur entre des agents ayant alternativement une capacité et un besoin de financement ».

Nous essayons de voir ci-dessous comment les femmes sont organisées au sein de ces structures mutuelles d'épargne et de crédit.

III. Pratiques tontinières des femmes

Il existe plusieurs formes de tontines que nous ne saurons pas détailler dans ces lignes. Nous nous limiterons ici aux pratiques observées réellement par les femmes trempées dans l'économie de la débrouille. L'enquête de terrain révèle que les femmes recourent à la tontine mutuelle pour les unes et à la tontine à la carte pour les autres.

3.1. Tontine mutuelle

La tontine mutuelle ou tournante est la plus pratiquée par la plupart des femmes, soit plus de 80%.

3.1.1. Mécanismes de constitution des groupes tontiniers

Les mécanismes de réciprocité et de logique d'épargne sont fondés sur de liens interpersonnels, socioprofessionnels ou de voisinage. Ces liens exercent la pression sur les femmes et assurent leur participation. Les groupes des femmes sont autonomes et ne recourent pas au financement extérieur. La finalité n'est pas de faire du profit capitaliste, mais plutôt de promouvoir l'entraide. Tout cas de conflit se règle à l'amiable entre les prestataires. Il s'agit des structures informelles, à contrat verbal. Il y a égalité des membres en droit et en obligation au sein de ces groupements.

3.1.2. Mécanismes de fonctionnement des groupes tontiniers

Les tontines sont créées et gérées par les femmes elles-mêmes, non forcément sur la connaissance mutuelle des membres. Car, « au début d'un cycle de ristourne, on peut en faire partie, même en tant qu'inconnu, à condition qu'on soit parrainé par un ancien du groupe » (Ependa, M.L., A., 2002, p.18). Elles se conviennent de se verser de manière rotative, un montant d'argent à une échéance fixe, conformément au calendrier établi par elles-mêmes. Le montant de mise est fixé de commun accord en tenant compte de leurs possibilités financières. Dans certains groupes, le versement se fait même chaque jour ouvrable pour un montant de 500FC, 1000FC, 2000FC. Dans d'autres, le délai d'une semaine à deux, voire même d'un mois, pour un montant plus considérable de 10$, 20$ ou même 50$, etc. Toutefois, certaines femmes versent moins ou plus par rapport au taux fixé quitte à ce que les bénéficiaires en tiennent compte à leur tour. Le calendrier établi est révisable, celle placée en ordre utile peut céder son tour, sans contre partie, à une autre pour une raison motivée.

Les fonds sont collectés à chaque échéance par la chargée de cette tâche au profit de l'ayant droit. Les membres non accessibles s'acquittent par l'intermédiaire des agences de transfert (m-pesa, airtel money, orange money, etc.).

Une fois toutes les participantes servies, le cycle est bouclé et on recommence selon un nouveau calendrier tracé au cours d'une réunion à travers laquelle on fixe le montant de la mise et statue sur l'admission de nouveaux membres. Généralement, le calendrier est inverse, en commençant par les membres qui ont été servies en dernier lieu, pratique instaurée pour compenser les effets de l'inflation monétaire subis, ou à défaut, on procède par tirage au sort. La tontine peut être arrêtée aussitôt après un tour complet, si les membres le décident pour telle ou telle raison.

Ainsi, chaque membre prête, emprunte et remplace une créance par une dette. Elle prête aux autres autant des fois qu'il y a des membres et lève sa mise, une fois par cycle, à tour de rôle. Les dettes et les créances ne sont pas assorties d'intérêt, et se compensent parfaitement tout au long du cycle et s'annulent au dernier tour. Celle qui lève les fonds la dernière a une créance qui s'accumule jusqu'à ce que son tour arrive. Chacune a une créance qui augmente à chaque tour et qui se transforme lorsqu'elle lève les fonds en une dette qui va en diminuant. Pendant que dure la tontine, la créance des uns égale toujours la dette des autres. Dans le langage *Kinois*, on parle de « *likelemba* » ou de « *moziki* » qui se démarquent, à certains égards, l'un de l'autre.

Le « *moziki* » est une tontine très sélective bien organisée sous forme de mutualité des amis ou personnes qui se connaissent bien. Son objectif ultime est surtout l'assistance sociale. Elle mobilise des fonds importants et des ressources humaines afin de réaliser des projets ciblés par les membres, envisageant aussi des fois la ristourne. Dans ce dernier cas, les adhérents ont parfois l'obligation d'indiquer l'usage de l'argent qu'ils vont recueillir en exposant leur projet aux autres membres. Aussi, l'emploi des fonds collectés fait-il l'objet de surveillance par un membre de l'association désigné pour la circonstance.

Il est coordonné par « *papa ou maman moziki* » qui s'occupe de la sécurité du patrimoine financier ou matériel du groupe, de la tenue des réunions et, le cas échéant, du règlement des conflits entre les membres du groupe. *Papa ou maman moziki* est assisté(e) d'un (e) trésorier(e) qui joue le rôle de conseiller(e). Il s'agit d'une personne dont le dynamisme, le sens de responsabilité et de neutralité sont éprouvés par les autres. Il fait la quête des fonds auprès des membres à une date fixe, s'occupe des visites à domicile, et propose aux autres membres les modalités d'entraide en cas d'événements fortuits comme l'hospitalisation, le deuil, la maternité, le baptême, etc.

Au sein de « *moziki* », les réunions sont tenues régulièrement chez le président ou le plus souvent chez l'un ou l'autre membre bénéficiaire de la ristourne, et cela à tour de rôle. « *Moziki* » est assimilé à une fête. A cette occasion, on boit, on mange et on danse aux frais du membre qui accueille ou de la caisse mutuelle. Il « est plus un groupe récréatif et festif, mais avec une vocation mutualiste. Il organise des banquets, assiste ses membres en cas d'événements heureux ou malheureux. A ces occasions, une contribution et une participation aux activités obligatoires sont exigées de membres » (Romain Zimango Ngama, R., p.108).

C'est au cours des réunions que se prennent des décisions, le plus souvent par consensus. Celles-ci sont en général l'occasion de passer un agréable moment, permettant d'échanger des informations, de parler des affaires, de projets, de soucis et problèmes internes de la tontine. C'est pour cela que la présence à ces réunions est obligatoire, et un devoir moral, le non respect peut entrainer le paiement d'amendes. La participation au *moziki* implique l'obligation de versement périodique de cotisation, une sorte d'épargne forcée pour alimenter la caisse mutuelle. Au sein de *likelemba,* l'accent est plus mis sur l'échange de service que l'assistance sociale même si cette pratique n'y est pas totalement absente.

3.2. Tontine à la carte (tontine commerciale)

D'autres groupes des femmes recourent au service des tiers « *papa ou maman carte* ». Il s'agit d'une femme ou d'un homme ayant pris l'initiative de la création d'un groupe qui joue le rôle d'un banquier. Il reçoit des dépôts de femmes, et les mouvements de chacune sont enregistrés dans un cahier dont chaque page fait office d'une fiche individuelle. Chaque femme dispose d'une carte sous forme d'un carnet de caisse, fixant l'échéance de versement (quotidienne, hebdomadaire, mensuelle) et le montant de mise. Les écritures dans le cahier et sur la carte sont mises à jour à chaque dépôt, sanctionnées par les signatures ou paraphes de deux parties.

Les créances des femmes augmentent proportionnellement à la dette du tontinier à chaque versement, et s'annulent au retrait des dépôts. Cependant, à la fin de l'échéance, contrairement à la tontine mutuelle, les femmes paient un intérêt négatif pour couvrir les frais d'impression de la carte et rétribuer les risques d'épargne. Le montant de cet intérêt varie d'un groupe à l'autre, mais dépasse rarement 3%. Les femmes n'y trouvent aucun inconvénient pourvu qu'elles récupèrent leur dû auprès du tontinier pour réaliser leurs projets.

A la fin de la manche, si l'on désire reprendre l'opération, on paie une nouvelle carte. La tontine continue pour autant qu'il y ait des membres.

Le circuit tontinier joue donc un rôle important dans le financement des économies des femmes. Mais, il ne présente pas seulement des avantages, mais aussi quelques écueils ne permettant pas aux femmes de disposer des moyens financiers conséquents pour réellement améliorer leur pouvoir d'achat, et par conséquent, relever le niveau de vie.

3.3. Avantages et faiblesses de la tontine

3.3.1. Avantages

Parmi les avantages de la tontine, il y a lieu de mentionner ce qui suit :

-permet aux femmes exclues du système formel de crédit d'avoir des fonds qu'elles ne peuvent pas réunir d'un seul coup et d'éviter des taux d'intérêt usuriers, comme il est souvent le cas avec la banque Lambert dont le taux d'intérêt n'est pas moins de 50%. En effet, par le biais de la tontine observe Ependa M.L Augustin (2002, p.5), « un individu peut épargner des fonds soit pour un investissement à court ou à moyen terme, soit pour un événement prévu ou pour parer à l'imprévisible, de manière collective ou individuelle… ».

-favorise l'épargne dans la mesure où la régularité des versements est ressentie par chaque membre comme une obligation très forte à laquelle il ne peut absolument pas se soustraire.

-assure l'accessibilité au crédit à tous les membres sans aucune condition (garantie, frais de dépôt, frais de tenue de compte, etc.).

3.3.2. Faiblesses

En ce qui concerne les écueils, nous avons relevé les faits suivants :

-les tontines sont généralement des structures spontanées et circonstancielles ; elles émergent souvent suite à un événement ou un besoin dont la satisfaction requiert la mutualisation des efforts. C'est un système éphémère à cause des économies aléatoires des membres. Le renouvellement de la tontine à l'échéance ne garantit pas la disponibilité éventuelle de tous les participants. Les cas fortuits limitent la participation des membres et gênent le fonctionnement. En effet, beaucoup de femmes ont eu de la peine pour récupérer leur mise à cause de l'insolvabilité des certaines entre elles suite aux effets de la covid-19. D'autres, par ailleurs, engagées, par cupidité, dans plusieurs groupes à la fois sans tenir compte de possibilités financières, ne parviennent pas à respecter l'échéance.

-les ressources tontinières sont généralement très précaires et ne servent qu'à résoudre quelques besoins de survie plutôt que de réaliser des investissements importants.

-le manque d'intérêt sur l'épargne est très préjudiciable aux membres servis en dernier lieu dans une économie hautement inflationniste comme la nôtre, surtout si le cycle est long. Les derniers bénéficiaires de la ristourne perdent une part de leur pouvoir d'achat à la suite de la baisse du cours de la monnaie et de la hausse des prix qui ont lieu entre les différents moments de la participation continue de tous les membres… »(Ependa Augustin, 2002, p.21).

-le fait que la tontine soit une structure informelle sans contrat écrit entre les membres, est susceptible de complications juridiques en cas des litiges qui dépasseraient largement l'arrangement interne.

Conclusion

Les Associations d'épargne et de crédit rotatif (AECR), jouent un rôle important sur le plan socioéconomique. Elles constituent une solution à l'exclusion des femmes du système formel de crédit et ont un impact positif sur leurs économies. Avec l'argent reçu de la tontine, elles donnent satisfaction à certains besoins et entreprennent quelques activités génératrices de revenu pour contribuer à la survie de leurs familles. Cependant, en dépit des avantages, ce système est marqué par quelques écueils qui ne permettent pas aux femmes de totalement s'épanouir.

Pour le rendre quelque peu compétitif et professionnel, nous proposons ce qui suit:

-pour la réduction de l'insolvabilité qui menace les membres, nous pensons à la création d'une caisse compensatoire d'une part, et au parrainage, d'autre part. Cette caisse permettra de couvrir l'insolvabilité d'un membre en attendant qu'il s'exécute pour ne pas pénaliser un ayant droit qui compterait sur sa ristourne. Par ailleurs, instaurer ou renforcer le parrainage permettrait aussi de limiter les dégâts dans la mesure où la charge de remboursement de la mise reviendrait au parrain en cas d'insolvabilité de sa recommandée. Ce qui, sans doute, permettrait de veiller à la qualité des membres devant faire partie de la tontine.

-fixation des mises en monnaie forte pour épargner les membres des effets de l'inflation, de telle sorte que le remboursement soit indexé en cas de dévaluation monétaire. On peut même, par ailleurs, prévoir un petit intérêt sur les dépôts pour compenser la perte subie par les membres servis-en dernier lieu.

-restructuration des groupes tontiniers en les mutant en caisses de crédit mutuel pour améliorer les services (montant de crédit et disponibilité des fonds), pour aider les membres à relever réellement le niveau de vie. Cela demande tout un travail de sensibilisation, de formation et d'encadrement pour promouvoir la responsabilisation des femmes.

Bibliographie

BAHATI BIREGEYA DANIEL, Tontines et développement dans le groupement Bashali Mokoto à Masisi en République Démocratique du Congo, Mémoire de licence en économie, Unigoma, 2011.

DESROCHE, H., « Les pratiques tontinières : de Cotonou à Taipei, de Ziguinchor à Paris », in *La tontine*, Paris, Ed. Aupelf-Uref, 1990.

DESROCHE, H., « Nous avons dit tontines. Des tontines Nord aux tontines Sud. Allers et retours. » in Lelart, M., (sous la direction de), *La tontine, pratique informelle d'épargne et de crédit dans les pays en voie de développement*, UREF, Collection Sciences en Marche, John Libbey Eurotext, 1990.

GENTIL, D., *Les pratiques coopératives en milieu rural africain*, Paris, Éditions L'Harmattan, 1984.

EPENDA, M.L., Augustin, *Typologie et aspects organisationnels des tontines dans le contexte d'une économie sociale informelle à Kinshasa*, Groupe de recherche et d'intervention régionales, Université du Québec à Chicoutimi, 2002.

HUGON, P., *Economie de l'Afrique*, 3ème édition, Paris, La découverte, 2001.

MULAMBA FEZA, I., « Combiner pour réussir : les pratiques de « maman malewa » dans leur lutte contre la pauvreté à Kinshasa », in *Quelques singularités congolaises. Enjeux, compromis et reconfiguration sociale*, Paris, L'Harmattan, RD Congo, 1919.

NEKWA, A., Bas-Congo : les « mamans manœuvres » accusées de faire galoper les prix, infobascongo.net, consulté le 02 août, 2021.

NZEMEN, M., *Théorie de la pratique des tontines au Cameroun*. Yaoundé. SOPECAM, 1988.

ANNEXE

RECENSIONS

Laxisme et Attentisme d'Etat en Republique Democratique du Congo. Essai d'une anthropologie de la débandade,
Basile OSOKONDA OKENGE (2021)

Recensé par Julie Ndaya Tshiteku

Misala ezali te, zamba epeli moto, banyama bakomi kokima sont quelques unes des expressions populaires en lingala qui habillent l'ouvrage de Basile Osokonda, *LAXISME ET ATTENTISME D'ETAT EN REPUBLIQUE DEMOCRATIQUE DU CONGO.* Elles définissent la manière dont est géré le Congo et la perception que le peuple Congolais a de cette gestion. La thèse sur laquelle se penche ce livre est de montrer que le Congo est gouverné des dirigeants qui n'ont pas un programme au sujet de là où ils veulent conduire le pays. Ce mode de gouvernement a réussi à amener la population à troquer ses attentes envers les pouvoirs publics vers se prendre en charge. Tous ceci est étoffé des *verbatims* qui donnent à voir, à sentir et à palper le combat de la vie quotidienne. Les Congolais sont livrés à la précarité et à l'autosuffisance. Une situation qu'illustre la sémantique utilisée par les Kinois pour décrire leur quotidien « *Tozobunda* » « *Mboka bolumbo* »*,* deux titres de la revue *Le Carrefour congolais* (2019, 2020) inspirés du parler des habitants comme manifestation de la lassitude et qui confirment l'argument développé dans l'ouvrage. L'auteur, l'anthropologue Basile Osokonda y fait une lecture chronologique des régimes politiques qui se sont succédés à la gestion du Congo. Deux décennies de dictature ainsi que les règnes troublés des présidents Kabila père et fils et le gouvernement de l'Union sacrée de Felix Tshisekedi. Ils ont distillé des slogans comme mode de mobilisation du peuple. De l'objectif 80, aux cinq chantiers/révolution de la modernité/Congo emergent jusqu'au «Peuple d'abord ». Ces slogans chimériques ont servi de canaliser des énergies nationales, mais ne contenaient aucun plan national de redressement économique. Ainsi, les Congolais sont gouvernés sous un mode messianique, avec les promesses jamais réalisées d'attendre l'arrivée d'un nouveau gouvernement comme synonyme de l'amélioration du bien être.

Les analyses sur lesquels reposent les données des 8 chapitres qui composent le livre sont basées sur un travail empirique multisite, commencé en 2008 par l'auteur lui même, avec l'apport des travaux pratiques des différentes générations de ses étudiants de l'Université de Kinshasa. La recherche de terrain a été effectuée essentiellement à Kinshasa. Elle s'est étendue dans la province adjacente du Bas-Congo. Mais les observations faites peuvent être extrapolées sur l'ensemble des provinces qui constituent l'étendue de la République Démocratique du Congo. Une telle méthodologie montre l'apport de la recherche anthropologique dans la compréhension de la gestion de la chose publique. Le lecteur a devant ses yeux des faits palpables, les actes du quotidien très significatifs qui montrent le lien entre laxisme et l'attentisme, d'une part l'irresponsabilité des pouvoirs au sommet de l'état et d'autre part la 'débandade' évoquée dans le sous titre du livre. Le Congolais est devenu un sujet affecté par la politique, une affectation qui a pris la forme d'une conversion dans le sens de l'appropriation par le peuple des antivaleurs, des comportements moraux et éthiques affichés par ceux qui gouvernent. L'exemple vient d'en haut. Le laisser-aller au sommet de l'état a fait naitre un citoyen pour qui les intérêts propres, immédiats comptent. Il y a un développement dans la population de la culture du « saisir le moment », du désintérêt pour la chose nationale désormais identifiée à celui ou à ceux qui sont aux affaires.

Chaque chapitre du livre examine la démission de l'État dans la satisfaction des besoins de base de ses sujets: le transport, l'emploi, la nourriture, la santé, l'habitat. Cette démission a engendré plusieurs phénomènes. C'est l'exemple du « *kolomba* », la corruption des policiers/roulages qui rend possible aux conducteurs improvisés, sans formations sur le code de la circulation routière de prester sans contravention. Le monde du travail *mosala* et particulièrement le travail rémunéré et déplorable : les salaires irréguliers, inexistants ou insuffisants ne couvrent pas les besoins des ménages. Cela a fait que la plupart des travailleurs de l'Etat combinent plusieurs emplois pour survivre. Et puis le chômage devenu endémique a donné aussi place à des petits travaux de toute nature et de tout genre basés sur l'apprentissage sur le tas. Ainsi apparaissent des diverses formes d'organisation sociale, innovantes et créatives, générant une nouvelle économie dite de la «débrouille» qui n'est cependant pas sans impact sur les rapports et modèles sociaux. Les femmes y étant numériquement très représentées, cela a entrainé le clivage des rôles dans le ménage suite à la disparition du rôle du mari pourvoyeur. Conséquences: la surcharge des femmes et la recrudescence des violences domestiques.

Il faut se battre pour trouver un logement, se nourrir au quotidien, accéder aux soins de santé La faible qualité des soins offerts à la population ont fait place à l'émergence de l'automédication, de la médecine de bouche à oreille et le rebondissement de la médecine traditionnelle.

En parcourant le livre j'ai scruté particulièrement la réflexion au sujet l'enseignement. L' auteur y dénonce le délabrement du système éducatif tandis qu'on assiste à la survalorisation des diplômes qui ne reflètent pas son contenu. J'ai trouvé dans cette réflexion des similarités avec les observations faites par le Jésuite Ekwa dans son livre *L'école trahie* (2004). Le père Ekwa, qui fut pendant des longues années engagé dans le système d'enseignement scolaire trace un portrait lamentable de l'école, par l'Etat congolais, qui devrait en assurer la qualité. Le système scolaire en RDC n'a pas rattrapé l'évolution démographique. En outre, le budget de l'enseignement est bas, le personnel enseignant est très peu payé tandis que l'infrastructure scolaire laisse à désirer. De plus le grand problème n'est pas l'école même, mais le marché d'emploi qui n'est pas en mesure d'absorber les diplômés. C'est le même constat que fait Osokonda. Comme Ekwa, il indique du doigts la politique, qui ne fait pas d'effort pour utiliser ce produit de l'école ou de faire des programmes d'enseignements qui reflètent les besoins de la société. L'indifférence générale à l'égard du produit de l'école est une trahison. Si l'école peut contribuer au développement du pays, alors les Congolais doivent prendre leur responsabilité en élaborant des programmes éducatifs qui tiennent compte des besoins du pays.

Et enfin, comme remède au laxisme et à l'attentisme, Osokonda propose une gestion de la chose publique axée sur les résultats. Un tel mode de gouvernement pourrait aider à changer le Congolais et ses élites politiques.

Manuel de développement rural, communautaire et national
Laurent KADIEBWE TSHIDIKA (2021)

Recensé par Pierre Mfuamba Katende

De par son intitulé, *Manuel de développement rural, communautaire et national*, cet ouvrage qui compte 103 pages est avant tout un outil de travail. Sa vocation est didactique, et son objectif est d'appuyer les enseignements. C'est pour cela qu'il se présente comme le résultat de plus de 35 ans des enseignements de l'auteur à l'Institut Supérieur de Développement Rural aussi bien dans la localité de Tshibashi, à l'intérieur de la ville de Kananga et au siège du Territoire rural de Demba[1]. Il est divisé en trois chapitres et comprend une introduction, une conclusion, une bibliographie sélective et quelques annexes.

Pour mieux faire l'économie de cet ouvrage et créer une communauté de compréhension, il nous a paru intéressant de résumer son contenu en partant de sa préface jusqu'à la conclusion en passant par son introduction et ses trois chapitres.

En effet, le *Manuel de développement rural, communautaire et national* de Kadiebue Tshidika est préfacé par Monsieur Roger Dikebelayi Maweja, prêtre diocésain de l'Archidiocèse de Kananga et professeur Associé à l'Institut Supérieur de Développement Rural de Tshibashi. Pour lui, l'approche de développement

---

[1] KADIEBWE TSHIDIKA, L., Manuel de Développement rural, communautaire, et national. Essai de sociologie pyramidale, Editions universitaires européennes, 2021, p. 7.

communautaire utilisé dans cet ouvrage constitue d'une part un moyen terme entre le système de développement capitaliste et le système de développement communiste qui ont tous démontré à la fois leurs atouts et leurs limites. D'autre part, l'approche de Kadiebwe s'inscrit dans une dynamique pyramidale du bien-être collectif et c'est en cela que réside l'originalité et intérêt du modèle de développement intégré et équilibré qu'il propose.

C'est pour proposer ce modèle que dans l'Introduction de son livre, l'auteur annonce que sa démarche méthodologique repose sur trois piliers à savoir : une méthode pragmatique d'enseignement, les objectifs à atteindre dans cet enseignement et le contenu de la formation qu'il assure[2].

La méthode pragmatique d'enseignement consiste à enseigner en se référant à des expériences concrètes et à associer la formation théorique et la formation pratique. Cette méthode est voulue pyramidale dans la mesure où l'auteur tient compte des apports dans le long terme de différentes couches sociales composées notamment d'une large base populaire, d'une classe moyenne fonctionnelle et d'une minorité dirigeante au sommet[3]. Elle s'inscrit dans une logique de la science négro-africaine et se préoccupe d'approfondir la recherche horizontalement en dimensions et verticalement en niveaux sachant que le développement consiste à accomplir en commun des œuvres éternelles pour le bien-être de chacun et de tous.

Grâce à cette méthode, l'auteur souhaite que chaque personne qui a eu un contact avec cet ouvrage devienne capable de décrire et d'expliquer avec précision les concepts fondamentaux en

---

[2]p.7.
[3]pp. 9-10.

matière de développement rural, de tirer des leçons de l'histoire du développement rural et communautaire ailleurs dans le monde et d'expérimenter les principes de la méthode capacitaire et stratégique proposé dans ce livre.

Ces trois objectifs spécifiques constituent les trois moments qui donnent un contenu aux trois chapitres grâce auxquels l'auteur enseigne les éléments essentiels du développement rural, communautaire et national.

Le premier moment du manuel de Laurent Kadiebwe est celui qui se concentre sur la maîtrise des outils conceptuels du développement rural, communautaire et national. C'est le premier chapitre du livre intitulé: «L'élargissement des connaissances en matière de développement rural et communautaire dans le contexte national». Il s'attèle à l'approfondissement de trois principaux concepts : 1. Le rural et le village ancien et nouveau ; 2. La communauté rurale, les agriculteurs et les paysans; 3. Le développement rural, communautaire et national.

Ces concepts sont expliqués et explicités dans leur complexité. C'est pour cela que l'auteur n'hésite pas à se référer à la forme pyramidale de leurs expressions et à en proposer des connotations locales, nationales et globales. C'est ainsi que pour bien en faciliter la maîtrise l'auteur n'hésite pas avoir recours aux étymologies latines et romaines et même aux expressions et aux proverbes en langues locales. Il insiste par exemple sur le fait que pour promouvoir le développement rural, communautaire et national, la société a besoin d'un leadership collectif, c'est-à-dires des hommes et des femmes : préoccupés par la vérité, généreux, ayant un sens élevé de la noblesse, courageux, sensibles à l'unité et spirituellement, socialement et économiquement fort.

Le deuxième moment de cet ouvrage est intitulé : Aux origines du développement rural et communautaire. L'auteur retrace ici les origines américaines du développement communautaire dans un double sentiment de responsabilité individuelle pour sa communauté créatrice et de la communauté pour l'individu créateur. Il fournit des renseignements perspicaces et fouillés sur l'apport des missionnaires dans l'élan du développement communautaire en Afrique et en RDCongo et stigmatise, dans le cas de la RD Congo, l'expérience négative qui doit être dépassée. Il s'agit de l'expérience de la centralisation et de la non-participation des villageois à la conception de leurs projets de développement communautaire et national.

Le troisième moment de cet ouvrage consiste à dégager les principes et les méthodes du développement communautaire et à susciter la volonté de les appliquer en faveur du bien-être individuel, collectif et national. Il est intitulé: Principes et méthodes de développement rural et communautaire. L'auteur insiste sur le fait que le développement communautaire est un état d'esprit. Pour y réussir le développement communautaire doit devenir une *philosophie de vie*. C'est le premier principe. Le deuxième principe consiste en ce que le développement communautaire doit être un engagement volontaire, c'est-à-dire que l'individu lui-même qui est concerné accepte et s'engage avec enthousiasme, avec dévouement et avec abnégation en investissant son capital temps et financier dans l'amélioration des conditions matérielles de tous et de chacun. Mais en même temps, le développement communautaire doit être un mouvement autonome, c'est-à-dire libre, dégagé des contraintes et orienté vers la création des richesses pour chaque participant.

Quant aux méthodes de développement communautaire, l'auteur souligne, insiste sur une approche stratégique et capacitaire à quatre dimensions. La première dimension consiste à voir-jugeragir. Il s'agit ici d'initier les communautés rurales à observer les problèmes, à choisir les principaux problèmes et à proposer des actions à mener ici et maintenant. La deuxième dimension de l'approche stratégique consiste en l'animation rurale. Elle consiste à sensibiliser les communautés sur leurs besoins en vue d'y répondre grâce à leur participation. Enfin, l'approche stratégique réside dans la conscientisation. Il s'agit de partir des problèmes réels, de les analyser de manière critique avec la communauté et rechercher leurs causes en vue d'y apporter des solutions adéquates. La technique utilisée ici est le dialogue. La quatrième et dernière dimension de la méthode est l'approche stratégique et capacitaire elle-même. Elle exige deux moments dans son application. Dans un premier moment, il faut séjourner longuement à l'intérieur de la communauté, y mener des discussions avec empathie, problématiser les situations difficiles et choisir les actions à mener. C'est le moment stratégique. Dans un deuxième moment, il faut rechercher la productivité, s'autogérer, s'auto évaluer et élaborer un programme de société. Et parce que la société concernée est africaine, le programme de société à élaborer sera négro-africain.

A la fin des trois chapitres de cet ouvrage, l'auteur propose une bibliographie sélective riche de plus de quarante ouvrages et plus d'une dizaine des pages en annexe.

La bibliographie contient des ouvrages de grande référence écrits par des sociologues, des politologues ou des organisations internationales de large audience.

Dans les autres pages annexes, l'auteur propose des appellations courantes des villageois dans diverses langues de la République Démocratique du Congo. Il propose un programme de lutte contre l'appauvrissement des milieux ruraux grâce à l'entreprenariat communautaire. Il rappelle les objectifs du millénaire pour le développement et présente des photos qui rappellent notamment l'historique de la création du poste d'Etat de malandji, du sanctuaire de Malandji Makulu, du barrage de Mbula Ntampi et du grand séminaire de Kabue dans le projet de développement communautaire et de l'évangélisation initié par le Père Emery Cambier, fondateur de Mikalayi. Vous retrouverez donc la photo du Père Cambier et l'état du village de Mikalayi en 1891.

Nous avons eu beaucoup de plaisir à lire cet ouvrage. Nous vous proposons donc de le lire. Car, à la fin, vous vous sentirez bousculer dans votre intelligence et vous serez poussés à vous engager résolument dans l'accomplissement des programmes de développement communautaire en République Démocratique du Congo en général et dans le village de chacun d'entre vous en particulier. En cela, vous apporterez votre contribution à la réalisation du mot d'ordre du développement communautaire national tel qu'il est proposé par les autorités nationales à savoir : « Le peuple d'abord ».

ANNEXE

LU POUR VOUS

La scène musicale populaire kinoise à l'épreuve du genre et de l'androcentrisme

par Léon TSAMBU[1]

Résumé

Dans une perspective théorique genrée et transdisciplinaire (théories des champs et de l'intersectionnalité), le présent article discute de l'androcentrisme en tant qu'ensemble de rapports de pouvoir focalisés sur l'hégémonie masculine, tel qu'il se déploie sur la scène musicale populaire de Kinshasa. L'enquête a démontré qu'assujettie sexuellement, débauchable ou «bien d'échange », la femme (chanteuse, choriste, danseuse) a en outre été soumise à un faisceau d'oppressions professionnelles par l'homme à travers a) une division sexuée du travail qui l'a confinée à la tâche érotique de la danse ; b) son instrumentalisation comme un corps-machine, support de marketing des spectacles vivants et vidéo à la faveur de son sex-appeal et de ses chorégraphies lascives ; c) une rémunération aléatoire ; bref, une précarisation sociale, culturelle, psychologique amenuisant, plus que pour son homologue masculin, ses droits humains. Tout cela est à lire dans le contexte du champ (acteurs directs) ou du hors-champ (acteurs périphériques) de cette scène. Cependant, sur cette scène prise pour un reflet du fonctionnement et un facteur de changement de la société kinoise,

---

[1]Sociologue et enseignant-chercheur, Laboratoire congolais de musique et des cultures populaires, Université de Kinshasa. E-mail : leon.tsambu@gmail.com

la femme ne fait toujours pas figure de victime, étant stratégiquement tournée vers des intérêts et désirs d'ingratiation, de célébrité, de mieux-vivre (en Europe), ou d'inversion de la domination – sans toujours y parvenir.

Abstract

From a gendered and transdisciplinary theoretical perspective (field theory and intersectionality), this study discusses androcentrism as a set of male hegemony power relations, as they unfold on the Kinshasa popular music scene. The study shows that as sexually subjugated, expendable or "exchange goods", women (singers, backing singers, dancers) are also subjected to professional oppression by men through: a) a gendered division of work that confines them to the erotic task of dancing; b) their instrumentalization as machine-bodies, a marketing medium for live and video shows thanks to their sex appeal and their lascivious choreographies; c) random remuneration. In short, more than their male counterparts, they are subjected to a social, cultural, and psychological precariousness that infringes on their human rights. All of this should be seen in the context of field (direct actors) or off-the-field (peripheral actors) of this scene. However, on this music scene that is a reflection of the functioning and a factor of change in Kinshasa society, women still do not appear as victims, being strategically turned towards interests and desires of ingratiation, fame, better living (in Europe), or, without always succeeding, an inversion of domination patterns.

Introduction

La musique populaire, celle des bars, de la télévision, des plaisirs profanes ou religieux, est constitutive des armoiries sonores de la ville de Kinshasa, capitale culturelle et politique de la République démocratique du Congo. Et sur la scène profane dont il est question ici, la femme, à titre d'artiste, de muse, de fan ou de consommatrice, apporte une touche érotique. Mais ce constat est loin de balayer le paradoxe entre cette érotisation féminine, d'une part, et la domination masculine dont elle fait l'objet, d'autre part.

Ainsi cette étude cherche-t-elle à démontrer le développement des rapports sociaux de sexe sur la scène musicale populaire kinoise (de Kinshasa) pour enfin comprendre et expliquer l'androcentrisme en tant qu'ensemble de rapports de pouvoir focalisés sur la domination masculine, mais sous-tendus par des rapports de collaboration et de connivence. Ces rapports seront observables, en interférence avec le « hors-champ » musical, d'abord à l'intérieur des groupes (comme rapports verticaux et horizontaux); puis entre les groupes musicaux ou les leaders qui, dans le contexte des luttes symboliques pour le leadership, convertissent les femmes ou filles (chanteuses, choristes, danseuses) en « objets d'échange » (Sow 1997) disputés, à savoir en « personnel débauchable ». L'étude se concentre en même temps sur les stratégies d'inversion de l'androcentrisme mobilisées par les femmes.

Faisant pourtant les choux gras des médias, la scène de la musique populaire congolo-kinoise a très peu intéressé les chercheurs et universitaires, en dépit de quelques travaux grand public et académiques dont la plupart portent sur la biographie des auteurs (Lonoh 1969 ; Ewens 1994 ; Matoko 1999 ; Mpisi 2004 ;

Gakosso 2002 ; Nimy 2007), le contenu des chansons (Tshonga 1984 ; Debhovampi 1997 ; Trapido 2010 ; Tsambu 2013 ; Manda 2011), l'histoire de cette musique (Lonoh 1969 ; Bemba 1984 ; Manda 1996 ; Stewart 2000), la violence du champ musical (Tsambu 2004, 2012) ou l'ethnographie politique et sociale de ce champ (White 2008).

La thématique du genre, quant à elle, a été abordée en pointillé, d'abord dans une sociographie sériée de chansons (Tshonga 1982,1984, etc.), ensuite dans deux réflexions (Tsambu 2001, 2009) sur la présence de la femme en scène et hors scène. Trapido (2010) effleure l'inversion du genre par l'usage de la voix masculine pour exprimer les sentiments féminins. Gondola (1997) fait allusion à une autre forme d'inversion du genre masculin/féminin. Seul Kuyu (2008), à mon humble avis, a discuté en détail de la manière dont la chanson populaire devient régulatrice des relations (conflictuelles) entre les sexes. Ne se basant que sur le critère thématique de chansons, toutes ces prises de position sur le genre restent partielles.

Ainsi, cette étude sur les comportements genrés de la scène musicale kinoise cherche à répondre aux questions suivantes : comment se décrit la trajectoire historique des rapports sociaux de sexe sur la scène kinoise ? Sur quel fondement sociologique repose le paradoxe de cette scène très marquée à la fois par l'érotisme féminin et un androcentrisme prononcé ? De quelle manière les femmes ou filles (chanteuses, choristes, danseuses) tenteraient-elles de renverser en leur faveur cette domination masculine ?

À la suite de ce questionnement, je pose les hypothèses suivantes : a) la logique de la concurrence qui structure la scène musicale congolo-kinoise androcentrée se fonde sur la capitalisation du personnel féminin pris pour cible et arme masculines de conquête du pouvoir; b) l'hyper-érotisme féminin de cette scène constitue le masque ludique d'une hégémonie masculine intersectionnelle; c) la domination de l'artiste féminine sur la scène musicale kinoise comporte une dimension stratégique par laquelle la dominée consent à sa propre domination aux fins de renverser les rapports de pouvoir androcentrés.

Encadrée par une introduction et une conclusion, cette étude est structurée autour de cinq axes, à savoir la présentation des cadres théorique et méthodologique; la trajectoire historique des rapports sociaux de sexe, la division sexuée du travail et l'androcentrisme de la scène kinoise; le marketing sexué des spectacles et vidéoclips; les logiques d'ingratiation féminine et d'inversion de la domination masculine.

Cadres théorique et méthodologique de l'étude

Il s'agit ici de mettre en exergue les approches théoriques qui ont aidé à la mise en relation des concepts clés, soit des variables émanant des questions de recherche et des hypothèses qui sous-tendent l'entreprise interprétative et explicative de la réalité empirique, d'une part. Et d'autre part, de procéder à l'exposition de la démarche intellectuelle de l'enquête et de la nature des données empiriques nécessaires à l'évaluation des hypothèses.

En dépit de la nuance qu'il importe d'apprécier entre les expressions «études de genre» et «études sur le genre», le genre lui-même – dans la première expression – est considéré « comme un cadre d'analyse, un regard, une "lentille" ou des "lunettes" posées sur l'ensemble du monde social» (O'Brien, cité en note infrapaginale par Rennes 2016:13), soit une approche théorique. C'est ainsi que Clair (2015:8) écrit :

Dans un monde qui s'entête à masquer les rapports de pouvoir, on montrera combien ces lunettes sont indispensables, mettant au jour un angle mort que les autres lunettes sociologiques ne savent pas réfléchir.

Mais elle légifère tout de suite sur l'impératif de sortir du cercle vicieux qui consisterait à expliquer le genre par le genre, pour mettre à contribution « ses dialogues et malentendus avec les autres paradigmes sociologiques » (Clair 2015:11). C'est à ce titre que la théorie des champs sociaux de Bourdieu et celle de l'intersectionnalité ont été articulées avec l'analyse de genre.

Dès lors, théoriquement, je considère à la lumière de Bourdieu la scène musicale sous étude comme un champ social, genré. En d'autres termes, un espace sur lequel se déclinent des luttes genrées, soit focalisées sur les « corps » masculins et féminins, la « sexualité » et les « rapports sociaux de sexe » asymétriques qui se construisent dans le contexte du fonctionnement du champ. De manière classique, cette scène constitue un champ de forces sociales dont les agents, occupant des positions hiérarchisées et asymétriques, sont d'une part dominants et d'autre part dominés. Ce qui donne lieu à au moins trois positions sociales : la domination, la subordination et l'homologie. Ces agents entrent en compétition autour du capital spécifique de leur champ, pris pour l'enjeu des luttes, en mobilisant des stratégies à partir de leur habitus, visant ainsi à maintenir, à renforcer (conservation) ou à transformer et renverser (subversion) les rapports de force au sein du champ.

Il faut alors noter qu'« on peut refuser de voir dans la stratégie le produit d'un programme inconscient sans en faire le produit d'un calcul conscient et rationnel » (Bourdieu 1987:79), « que l'agent n'est jamais complètement le sujet de ses pratiques »

(Bourdieu 1997:166), car partagé entre la liberté d'agir et les contraintes structurales de l'action.

Ce capital spécifique du champ musical scénique n'est rien d'autre que le capital symbolique – la domination symbolique, la célébrité, la popularité, les honneurs sociaux, le charisme artistique – propre à un champ de production des biens symboliques (chansons, disques, concerts, danses, vidéoclips).

Le champ de la scène musicale populaire sous étude est alors constitué d'artistes professionnels (agents centraux) : catégorisés en employeurs et en employés. La compétition se déroule au sein des groupes (sous-champ orchestral) et entre groupes ou leaders de groupe (sous-champ de la starité) : elle consacre la «guerre des stars», ou «guerre de leadership». À l'intérieur du groupe la femme, consciemment ou inconsciemment, est en confrontation avec l'homme qui cherche à la minorer pour un enjeu perçu directement comme sexuel ou sexiste, mais qui au final reste symbolique au nom de l'idéologie androcentrique. Or même dans les luttes de leadership, les rapports sociaux de sexe s'imposent, dès lors que la femme ou la jeune fille (chanteuse, choriste ou danseuse) débauchable y est prise au piège et instrumentalisée pour le même enjeu artistico-symbolique : préserver ou accumuler du charisme, du pouvoir symbolique vis-à-vis de la vedette rivale.

Quant au « hors-champ », il constitue un hiatus dans la théorie des champs de Bourdieu, d'après Lahire (2001:35) : « La théorie des champs montre donc peu d'intérêt pour la vie hors-scène ou hors-champ des agents luttant au sein d'un champ. » Mais dans cette étude, le « hors-champ », le « contre-champ » ou le « hors-scène » constitue l'univers d'analyse à l'opposé de la population d'enquête, et peut s'entendre ici dans le sens de ce que

Bourdieu nomme l'autonomie relative de tout champ, c'est-à-dire la dépendance virtuelle du champ vis-à-vis d'un autre champ ou de l'espace social. Mais il peut encore s'agir ici des sous-champs de l'industrie musicale. C'est là qu'interviennent les agents périphériques ou auxiliaires de la « scène musicale » (producteurs, sponsors, mécènes, fans, médias...), luttant pour des enjeux particuliers ou paramusicaux, qui interagissent avec les artistes et apportent soit à la musique, soit à la scène, leur soutien économique, technique, social et émotionnel.

C'est le lieu où l'artiste chanteuse, choriste ou danseuse est convertie en «objet d'échange»; il est comme l'angle mort qui la préserve de la domination dans le champ «officiel», les voisinages ou les coulisses du champ où elle tente de subvertir la domination du champ, mais où elle peut tout autant faire l'objet d'une autre forme de domination masculine.

Et pour revenir à Clair (2015), comme l'étude du genre ne peut se contenter du genre lui-même, elle ne peut échapper à la transdisciplinarité, car le genre traverse nos corps biologiques ainsi que toute la sphère sociale. Dans le champ musical la femme ne subit pas seulement l'oppression sexuelle, mais à la fois et inextricablement : l'oppression financière, artistique, physique, politique, sociale, psychologique, culturelle, globale et locale. D'où le besoin d'élargir cet interactionnisme méthodologique avec la théorie de l'intersectionnalité (Janssen 2017; Bilge 2009). Toutes ces formes d'oppression «s'alimentent et se construisent mutuellement», sans possibilité de hiérarchisation (Janssen 2017:2-3).

L'intersectionnalité renvoie à une théorie transdisciplinaire visant à appréhender la complexité des identités et des inégalités sociales par une *approche intégrée*. Elle réfute le cloisonnement et la hiérarchisation des grands axes de la différenciation sociale que sont les catégories de sexe/genre, classe, race, ethnicité, âge, handicap et orientation sexuelle. L'approche intersectionnelle va au-delà d'une simple reconnaissance de la multiplicité des systèmes d'oppression opérant à partir de ces catégories et postule leur interaction dans la production et la reproduction des inégalités sociales [...]. Elle propose d'appréhender la réalité sociale des femmes et des hommes, ainsi que les dynamiques sociales, culturelles, économiques et politiques qui s'y rattachent comme étant *multiples* et déterminées *simultanément* et de façon *interactive* par plusieurs *axes d'organisation sociale* significatifs. (Bilge 2009:70-71)

Il faut donc penser ce déterminisme complexe même à l'intérieur des catégories, en termes de rapports homme-homme ou femme-femme.

Cadre méthodologique

Sur le plan méthodologique, à la faveur du structuralisme constructiviste de Bourdieu qui opère une dialectique permanente entre la logique des acteurs et la contrainte des structures sociales, cette recherche se veut qualitative à travers la nature des données qu'elle exploite. Il s'agit là, en premier lieu, d'une série de neuf entretiens semi-directifs menés pour la plupart à Kinshasa au cours de la période de mai à septembre 2018 (dont un en 2004). Musiciens, chanteurs, chanteuses ou choristes, filles ou jeunes dames danseuses en activité ou en retraite, chroniqueurs de musique, actrices (co- stars ou figurantes) de clips, etc. se sont exprimés autour des réalités de la scène musicale kinoise sous la perspective du genre.

En second lieu, ce travail a été élaboré sur la base de matériaux d'observation directe et documentaire à partir de mon passé professionnel (chroniqueur musical de presse écrite), de mes écrits antérieurs (Tsambu 2012), de mon expérience spectatorielle (télé, vidéoclips, concerts), matériaux recueillis parfois sans qu'ait été consciemment mobilisé sur le vif ce réflexe de chercheur, qui a pour autant fini sur le tard par s'éveiller.

En troisième lieu, des matériaux audiovisuels tirés du Web (trois entretiens de presse publiés sur YouTube) ont apporté des idées pour la réalisation de la présente recherche.

Construction des rapports sociaux de sexe, division sexuée du travail et androcentrisme scénique

La femme marque sa présence sur la scène musicale populaire kinoise dès la fin des années 1940 et le début des années 1950 quand cette musique émerge sous forme de musique des bardes, puisque se forment des bandes.

La femme a alors travaillé comme une individualité, puis en compagnonnage avec les hommes et/ou les autres consoeurs au sein des bandes, en studio sous des labels en général grecs et juifs. C'est l'époque de Marie Kitoto, Lucie Eyenga, Marthe Badibala, Anne Ako, Jeanne Ninin & Caroline Mpia, etc., chanteuses-interprètes ou compositrices de plain-pied avec les hommes. Mais en réalité, selon Ne Nzau (2010), au début des années 1930 apparaissait déjà Nathalie, comme première guitariste ; talonnée par Emma Louise Putu Okoko, débarquée à Léopoldville en 1941 et initiée à la guitare par son mari, d'origine gabonaise. Elle maîtrisera ensuite l'harmonica et l'accordéon, abandonnant du coup ses fonctions de monitrice.

Entre les décennies 1960 et 1980, la division sexuée du travail devient plus tranchée sur la scène. Ainsi la femme subit-elle visiblement l'androcentrisme donnant lieu à des rapports sociaux sexués très asymétriques : elle devient davantage l'employée d'une vedette masculine. Toutefois, à partir des années 1970 se révèlent deux grands leaders féminins, la chanteuse-guitariste Antoinette Etisomba, et la diva Abeti Masikini. En 1971, à la faveur de la politique de l'Authenticité mobutienne, apparaît un groupe éphémère totalement féminin, Émancipation, symbole politique de lutte contre le sexisme artistique. La danse se définit comme la profession de prédilection pour la jeune fille au cours de la même décennie. C'est le triomphe des « Rocherettes », créées par Tabu Ley Rochereau à l'image des « Clodettes » de Claude François, puis celui des «Tigresses» d'Abeti. Il s'agit alors des jeunes filles (à côté de quelques jeunes gens plus âgés) dont le seul rôle, érotico-artistique, est la danse ; consacrant alors des rapports sociaux de sexe asymétriques.

Les décennies 1970 et 1980 fixent l'âge d'or des stars féminines : Antoinette Etisomba, mais surtout Abeti Masikini (Olympia en 1973, Carnegie Hall en 1974) et Mpongo Love dont les carrières étaient portées par des mentors ou pygmalions masculins, respectivement le Togolais Gérard Akweson (devenant manager-époux) et le saxophoniste Empompo Loway (mort du Sida à l'écart d'une semaine avec sa « Galatée »).

Par ailleurs, Tshala Muana démarre en 1976 sa carrière comme danseuse durant deux ans chez Mpongo Love, puis accomplit un passage de trois mois chez Abeti avant de s'imposer devant le micro. Dans l'intervalle de 1986-1997, son installation à Paris via Abidjan coïncide avec l'émergence à Kinshasa du tout-féminin TAZ Bolingo – créé et géré par le mécène Ndaye Fano mort un peu plus tard du Sida (détail non moins important!) – de Mbilia Bel (Tabu Ley), de Jolie Detta (Franco, Bozi), de Nana et Baniel (Franco), etc. En dépit de la suprématie masculine sur la scène, la polyvalence artistique de la femme, encore prouvée aujourd'hui par le tout-féminin groupe Kento Bakaji (créé par un propriétaire de studio) qu'a précédé Les Amazones (2002), contraste avec sa relégation à la danse où Mbilia Bel a débuté dans la carrière. En 1992, l'invention des « Koffiettes » par Koffi Olomide renforcera la vocation artistique des filles à la danse.

Il manquait d'exemple de femme musicienne au sein d'un groupe mixte dont elle n'assume pas le leadership. Mais depuis l'année 2018, le groupe de Werrason, taxé d'exhibitionnisme, se fait gloire de la guitariste Sarah Solo. Dépourvue de talent consensuel, Sarah ne s'inscrit pas dans une compétition de sexe similaire, selon l'opinion d'un leader de groupe, qui exige la parité dans tous les domaines :

> *Non, non, le débat sur la parité, je me demande si les femmes ne l'envisagent qu'en politique, parce que ce jeune drummer-là [de mon groupe], s'il y avait une fille qui pouvait le surpasser, ce serait quelque chose de curieux qui forcerait l'admiration du public en disant : «Voilà chez Chay Ngenge, une fille est à la batterie!» De la même manière quand la TV nous montre une guitariste soliste chez Werrason, et nous voyons quelle publicité Werra fait pour son compte. Pourtant, sur le plan intrinsèque, elle dispose des capacités limitées. [...] seul son statut de femme a déterminé une publicité démesurée à son avantage pour la hisser au sommet.*

Juste une question de compétences professionnelles, parce que tant que son rendement est au bas du pavé, les gens vont tourner le regard vers le guitariste masculin professionnellement talentueux. [Entretien de Chay Ngenge 2018[2], notre traduction du lingala]

Une telle appréciation participe d'une stratégie de subversion masculine, et prouve que de par sa nature biologique, une femme doit faire preuve de talents exceptionnels pour mériter une place au soleil de l'univers masculin. Cela démontre que Sarah n'exerce pas une activité musicale légitime au point de ne pas rendre le « bon service » (Benelli 2016:152).

Les études historiques de la mise au travail des corps mettent en lumière le poids des arguments d'ordre biologique dans la justification ou le déni de l'accès des femmes à des activités déterminées, que ce soit dans l'industrie, les services ou les professions prestigieuses. (Benelli 21016:153)

Dans le champ musico-scénique kinois, il est donc question du «corps légitime» (Boni-Le Goff 2016), de capital artistique prestigieux pour mériter la *lead guitar* au sein d'un groupe hypermasculinisé de renommée, en l'occurrence Wenge Musica Maison Mère.

Le concept de corps légitime se conçoit dans «une bicatégorisation sexuée et hiérarchisée du social » (Boni-Le Goff 2016:158). Il a un caractère à la fois subversif et arbitraire qui relève des contextes sociohistoriques différenciés des sociétés. Et

---

[2] Entretien de Chay Ngenge (ex-chanteur de Wenge BCBG et leader de groupe), 2018, Kinshasa, 9 juin.

comparée à la scène populaire gospel, la scène profane semble moins prodigue en auteures-compositrices-interprètes, car souvent dépendante des paroliers.

Expression de leur masculinité, la stratégie de sexe devient dans le champ scénique kinois la foi et la loi des leaders de groupe masculins, réincarnation de ces «*Tropical Cowboys* virils» des temps coloniaux (Gondola 2009). Au fur et à mesure que la jeune chanteuse acquiert la compétence artistique et la célébrité aux côtés de son mentor-patron, qui lui assure des toilettes brillantes, elle fait l'objet d'envie sexuelle, risque le débauchage de la part des stars rivales et des agents périphériques du champ. On redoute ensuite qu'elle développe des stratégies subversives pour s'émanciper. Afin de s'attacher sa fidélité, le patron de groupe ne se privera pas d'en faire une maîtresse ou une seconde épouse.

Sans fusion des sexes, aucune femme ne peut faire carrière sous le leadership ou *mentorship* masculin sur la scène kinoise. Cette expression de la virilité constitue la *doxa*, la norme indiscutée de fonctionnement des groupes musicaux (mixtes) de cette scène. Elle trouve ses origines dans le patriarcat en tant qu'hégémonie masculine, « une ascendance acquise par le biais de la culture» (Connell & Messerschmidt 2015:155) : les proverbes, les chansons, les traditions, la religion, les rites d'initiation et toutes les représentations sociales subordonnent les femmes aux hommes.

Sur la scène mondiale, Martha High et James Brown, Dalida et Lucien Morisse, Nicki Minaj et Lil Wayne, Lil'Kim et BIG Notorius, Foxy Brown et Jay-Z offrent des exemples qui mêlent sexe et carrière musicale féminine. La masculinité hégémonique fait florès dans le showbusiness mondial et justifie les mouvements *Femen* et ≠*Me Too*. Dans le contexte local, les commentaires des médias, taxés d'«iconoclasme féminin» (entretiens de Sandra

Mpongo 2018³ ; de Belange Angidi 2018⁴ ; de Jenny Amundala 2018⁵), et les représentations socio-mentales ne manquent pas de dénoncer ces liaisons. Ils sont confirmés par des aveux et déclarations des anciennes danseuses à la télévision, sur les réseaux sociaux et au cours de l'enquête : «On ne mêle pas la chèvre [l'homme] avec les feuilles de manioc [la femme] ! » (Entretien de FBI 2018⁶). D'ailleurs, les agents médiatiques eux- mêmes entretiennent des liaisons charnelles avec des chanteuses en échange de la promotion *payola* (Entretien de Gisèle Mfuyi 2018⁷).

À propos de la chanteuse Mbilia Bel mise en vedette par Tabu Ley Rochereau, voici un épisode de la fin de leurs amours et de sa prestation salariée :

> En effet, depuis quelque temps déjà, le torchon brûle entre Tabu Ley et Mbilia Bel, son épouse-salariée. À la base du contentieux, l'album « Contre ma volonté », une composition de Rochereau Tabu Ley, l'absence de transparence dans la gestion de l'orchestre, le recrutement de Faya Tess et enfin, le mélange du genre entre amour et travail. Mbilia Bel quitte peu de temps après Tabu Ley et se rend en France. (URC 2012)

---

[3] Entretien de Sandra Mpongo (chanteuse amateur, fille de Mpongo Love), 2018, Kinshasa, 26 juin.
[4] Entretien de Belange Angidi (danseuse professionnelle de Danse pour tous et Flow Lest), 2018, Kinshasa, 1er juin.
[5] Entretien de Jenny Amundala (co-star de clip », CD *Flèche Ingeta* de Werrason), 2018, Kinshasa, 11 juillet.
[6] Entretien de FBI de Niama (ex-chanteur de Cultura Pays-Vie et leader de groupe), 2018, Kinshasa, 29 mai.
[7] Entretien de Gisèle Mfuyi (chronique musicale à Canal numérique Télévision), 2018 Kinshasa, 31 juillet.

Il est donc clair qu'outre les questions d'argent, des scènes de jalousie s'éclatent au sein des groupes lorsque les femmes sont nombreuses, ou que la première ou l'unique, qui se croit «corps légitime», se sent exacerbée par la libido débordante – jusque dans les «bassins» des (autres) danseuses – du leader. Certaines danseuses vont jusqu'à entrer successivement en altercation avec l'épouse légitime du leader et son épouse-chanteuse-salariée (Entretien de Yolande Litalia[8]).

Ce qui précède signifie que sur le plan des rapports sociaux de sexe verticaux, les danseuses, à côté des chanteuses ou choristes, constituent des *bileyi ya mokonzi*, repas du chef dont elles tatouent le nom sur leurs cuisses : la plus belle ou la plus sexy, généralement sous le masque de «cheffe des danseuses», deviendra une sorte de maîtresse officielle. Mais il n'est pas rare que l'une ou l'autre soit enceinte de son patron, proxénète potentiel, ou soit forcée à l'avortement.

Enviées ou courtisées en sourdine au sein du groupe d'appartenance ou extérieur, et par les agents périphériques ou auxiliaires (sous-champ, hors-champ ou contre-champ), les danseuses constituent un appât pour hameçonner un producteur réticent, autant qu'un riche donateur. Leur débauchage par une star rivale, loin d'être toujours une stratégie féminine de subversion, devient une manière de torpiller le charisme d'un concurrent, faisant ainsi circuler les femmes comme des biens d'échange entre les groupes ou leurs leaders respectifs.

---

[8] Entretien de Yolande Litalia « ex-danseuse de koffi olomide abimisi ba verites somo ya bitumba n'alya na ki impolitesse ya cyndi». (https://www.youtube.com/watch?v=9KMEEa2MGi8&t=1456s). 28 janvier 2019.

Bourdieu fait de la domination masculine et scolaire, la forme par excellence de la violence symbolique. Or l'enquête dévoile ici une forme de violence physico-sexuelle, «une somatisation des rapports de domination» (Bourdieu 1990:2) qui place le personnel artistique féminin dans des rapports charnels ancillaires avec le patron de groupe. Et cette domination s'articule indistinctement avec la domination financière, sociale, face à un travail mal rémunéré et taxé de prostitution camouflée.

Dans un groupe bien connu, le recours à la biopolitique foucaldienne demeure très manifeste. Elle vise à la disciplinarisation des corps et des esprits afin de les rendre dociles au leader, mais fait du champ musico-scénique kinois un espace social sexiste et discriminatoire, laissant plus de liberté au personnel masculin en imposant plus de contraintes humiliantes au personnel féminin : tête rase, bannissement du maquillage, tenue de scène sexy, sédentarisation au domicile du patron dont la famille est basée en Europe, restriction des liens de voisinage entre danseuses, «séquestration» à l'hôtel lors des tournées occidentales, ou dans un véhicule avant et après le concert à Kinshasa (Entretien de Pamela Bemongo[9]), grossesses indésirables, avortements forcés, etc., autant des preuves de l'intersectionnalité de l'oppression.

Cependant, sans sentiments d'homophobie, l'avènement de l'homosexualité sur la scène kinoise, outre sa participation à la métaphorisation subversive du genre, montre comment certains artistes masculins sont à leur tour en butte à une domination sexuelle masculine de leur patron, au-delà d'autres formes d'oppression, notamment financière.

---

[9] Entretien de Pamela Bemongo 1 – «Koffi Olomide danseuse Pamela oyo akotisisaki Koffi na prison alongue pe abimisi ba verites ». (https://www.youtube.com/watch?v=V-D4elCgYOU). 28 janvier 2019.

Après une carrière en dents de scie chez Wazekwa, puis chez Karmapa, devenue fille-mère d'un amour de jeunesse, avachie et souffreteuse, N. P. traversa un passage à vide jusqu'au jour où, accompagnant une amie danseuse qui reprenait du service au sein de son groupe, elle fut sur-le-champ embauchée par le patron. Son nouvel employeur, sans atermoiement, lui présenta le « règlement d'ordre intérieur » :

> « *Oh ! toi tu es danseuse, tu danses dans quel groupe ? » Je lui ai dit que je dansais, mais j'ai mis un bémol à ma carrière ces derniers jours. « Oh, vraiment ! ? Quel est ton nom ? » Je lui ai répondu en disant « N. » [...] « C'est bon ! Maintenant, tu connais les normes d'ici ? Il te faut faire couper les cheveux ». Ah, imagine-toi que je ne m'y attendais pas ! Le seul orchestre et le seul leader en face de moi... je ne pouvais pas croire que moi-là j'étais en face de vieux R. Il dit : « Ici telles que les choses se passent, il faut te faire couper les cheveux, il faut tête rase. En plus, comme vous l'entendez dire à la cité, ici c'est un cachot, ici c'est un cachot, les gens ne sortent pas. Telle que tu es entrée ici, c'est pour toujours. Plus encore, tes copains de la rue, oublie-les quoi ! Va leur dire que là-haut on va vivre dans l'enfermement définitif. [...] Tu as le libre choix, soit tu entres, soit tu n'entres pas. » Moi, tellement que j'étais dans l'embarras du choix, je suis allée pour un intérêt, à savoir gagner un salaire pour me procurer des médicaments, prendre soin de moi [...], je n'avais pas le choix, j'ai accepté les conditionnalités.* [Entretien de N. P. 2018[10], traduction du lingala]

---

[10] Entretien de N. P. (ex-danseuse), 2018, Kinshasa, 15 septembre.

Comme plusieurs anciennes danseuses, N. P. a avoué qu'elle entretenait des relations sexuelles avec son dernier patron au cours de sa carrière. Dans une enquête antérieure (Tsambu 2009), une danseuse déclara avoir échappé à un viol collectif planifié par les sbires du leader du groupe. Les filles sont victimes de la précarité professionnelle :

> Dans le cadre du travail, qu'elle ait cédé après une longue phase de harcèlement ou qu'elle ait été violée subitement, par surprise, la victime est d'autant plus captive que sa situation d'emploi est précaire. (Jaspard 2011:67)

Mais il faut au départ noter l'émerveillement de la petite N. P. devant la starité de «R». Les patrons de groupe exploitent la détresse de leurs employées, dont certaines entrent dans le métier à 14 ans, et l'idolâtrie qu'elles leur vouent au point que leur soumission, par effet alchimique, est, selon Bourdieu, « spontanée et extorquée » (Chauviré & Fontaine 2003:34). Le consentement, le comportement aguichant qu'elles affichent vis-à-vis du leader m'incitent à ne pas considérer les femmes comme systématiquement des victimes, mais aussi comme des acteurs (*agency*), à l'instar de l'analyse menée par Utas (2005) sur la guerre civile au Liberia.

Au final, à propos du salaire des danseuses, dont nombre assument des charges sociales, voici sa réelle structure chez Koffi Olomide, le seul à l'assurer à Kinshasa : 50 $ pour la recrue, 100 $ à 150 $ pour l'ancienne, et 200 $ pour la cheffe de danse. Or, selon la victime du célèbre coup de pied de son « patron » à l'aéroport Jomo Kenyatta, le salaire durant ses 16 ans de service dépendait encore du facteur chance au sein de ce groupe (Entretien de Pamela Bemongo[11]).

Le marketing sexué des spectacles et vidéos musicaux de la scène kinoise

La pratique musicale passe entre autres par des apparitions scéniques. Il arrive très souvent que ces dernières soient filmées et converties en vidéoconcerts. De même que les disques sont vite traduits en vidéoclips. Tous ces produits, originaux comme dérivés, constituent de la marchandise qui génère du profit. Ainsi peut être compensé le manque à gagner causé par la piraterie, qui a pris la vitesse du laser. Assujetties sexuellement, les danseuses le sont aussi économiquement puisque leurs corps doivent servir à la production des richesses. Pour Foucault, cité et commenté par Muchembled (1978:231) : « "le corps [féminin] ne devient force utile que s'il est à la fois corps productif et assujetti". [...] En d'autres termes, la contrainte des corps procède bien d'une stratégie du pouvoir, destinée à obtenir l'obéissance la plus parfaite possible de la part des sujets, mais ne constitue nullement un plan cohérent et systématique ».

Car il existe la rébellion, la révolte, la stratégie...

Bref tout est conçu, dans un rapport social de sexe, pour penser le corps de la danseuse comme un corps-machine : « Son dressage, la majoration de ses aptitudes, l'extorsion de ses forces, la croissance parallèle de son utilité et de sa docilité, son intégration à

---

[11] Entretien de Pamela Bemongo – « La danseuse qui avait reçu le pied de Koffi dans le ventre, mis à la porte ¦ abimisi ba vérité ». (https://www.youtube.com/ watch?v=IgHs1AVa4ns). 28 janvier 2019.

des systèmes de contrôles efficaces et économiques » (Foucault, cité par Kempeneers 2006:78) doivent conduire, en tant que stratégies, à la rentabilité de l'entreprise musicale. Et l'un des atouts recherchés dans le corps de la danseuse demeure le *sex-appeal* : c'est un capital esthétique, symbolique, qui sert à attirer et séduire les consommateurs des productions vivantes et des vidéoclips, qui ont cessé d'être de simples supports promotionnels pour devenir des produits commerciaux dérivés.

Pour ce chanteur, leader de groupe :

Les danseuses sont des pots de fleurs. [...] Dieu a créé Adam, et a compris qu'il faut qu'il crée Eve pour combler un vide, et pourquoi pas en musique ? Si nous démarrons un concert sans la présence des danseuses, tu vas sentir un vide. Les danseuses apportent une grande plus-value. Il y a aussi des gens, des fans qui ne viennent pas pour écouter ma voix, mais uniquement pour admirer les danseuses. En plus, un orchestre sans danseuses ressemble à un paradis sans femme.
[Entretien de Chay Ngenge 2018]

Si donc les artistes savent que nombreux sont ceux qui, parmi le public masculin des spectacles vivants, fantasment devant les danseuses, plus d'un vidéoclip est aussi conçu sur le ton érotique aux fins de titiller les affects et d'hameçonner les consciences des consommateurs. A ce titre, les filles (femmes), à l'opposé des garçons (hommes), sont quasi exhibées nues dans des concerts, et parfois placées sous les effets des psychodynamiques. Dans le même registre, moult vidéoclips sont tournés d'après des concepts proches du *gansta rap* ou du *soft porn*, utilisant des danseuses, sinon des co-stars ou des figurantes, en fonction de leur *sex-appeal* dominant. Ces dernières n'échappent pas à leur tour aux effets qu'elles provoquent :

> « *Les musiciens, ou encore le leader, ou peut-être le chauffeur du leader, tout le monde va te courir [après]. Si ce n'est pas avant que tu tournes le clip, ça peut être après.* » [Entretien de Jenny Amundala 2018]

À l'aube de notre siècle, de plus jeunes danseuses, appelées *fioti-foti* (les toutes-petites), ont supplanté leurs consœurs plus âgées, jusqu'à remonter la note artistique de Papa Wemba qui inaugure le style.

> Et sur scène, en effet, des filles de douze ans [en réalité au moins 14 ans] ont remplacé les danseuses plus âgées pour «enchanter» les publics des grands orchestres de Kinshasa par leurs danses et sex-appeal. Dans la foulée de ce phénomène, l'attrait sexuel et les dangers que représentent les petites filles, pendants féminins des enfants-soldats, se sont largement diffusés dans une mythologie urbaine où la figure de la *kamoke sukali*, la «petite sucrée», s'impose comme la dernière version de la femme fatale et de la mangeuse d'hommes. (De Boeck & Plissart 2005:185)

Plus petites que les *fioti-foti*, Papa Wemba engage les *nionio* comme par souci de la relève, mais celles-ci ne firent pas flèche de tout bois, même si l'une d'elles, témoin de la mort de la superstar africaine sur la scène du festival d'Anoumabo, a démarré une carrière de chanteuse. Néanmoins, ces petites «lucioles» (*fioti-foti* et *nionio*) de la scène kinoise exerceront une violence métaphorique explosive sur les publics masculins. Elles seront même courtisées par les hommes politiques. En concert ou dans les clips vidéo, les danseuses, *fioti-fioti*, *nionio* ou actrices le temps d'un vidéoclip, réduisent au voyeurisme les publics masculins à travers leurs danses lascives, leurs tenues peu scrupuleuses qui laissent entrevoir le slip ou à découvert le nombril.

Certes, l'érotisme et la rentabilité financière flirtent, mais cela agit ici comme une réification du corps féminin dissimulée dans le registre ludique au nom d'un androcentrisme impudent qui révolte les féministes.

Les leaders masculins ne sont pas les seuls à recourir à pareille stratégie sexiste pour vendre et se vendre. Pire, il est un fait notoire qu'un leader féminin de groupe a poussé une jeune chanteuse, alors sous son coaching, à se produire sans cache-sexe au cours d'un concert donné dans un pays voisin de la RDC. Ces images ont vite circulé à travers les réseaux sociaux, même si un démenti énergique a été opposé à la réalité béante.

Au-delà des exigences des leaders de groupe qui pour le besoin de marketing instrumentalisent les filles, nombre d'entre elles à leur tour recourent au racolage. Elles profitent du plateau scénique, physique comme virtuel (vidéoclip), pour vendre leurs charmes en taquinant la séduction : « La seule, et irrésistible, puissance de la féminité est celle [...] de la séduction », écrivait Baudrillard (1979:29). Un guitariste (bassiste) a alors déclaré :

> *Tu vois, chacun(e) quand il(elle) vient chercher du boulot, surtout les danseuses, a ses ambitions en tête. Certaines arrivent pour travailler, d'autres pour travailler et combiner avec d'autres business – en tant qu'adulte, je suis convaincu que tu comprends. Elle est convaincue qu'en laissant un peu son nombril à la curiosité publique elle pourra accrocher un « client »*

> *ce soir. Le monde est devenu ainsi, les gens préfèrent désormais ce genre de choses. Mais moi je n'émets aucun jugement là-dessus, constatons simplement comment le monde évolue.* [Entretien de Shikito 2018[12]]

En dehors de l'enjeu officiel qui structure le champ musical, la scène est l'espace social de plusieurs autres enjeux pour les acteurs comme pour les publics (hors-champ). En plein show, les danseuses amassent un petit pécule grâce aux congratulations en billets de banque qu'elles reçoivent du public qui, dans les normes congolaises, accède jusque sur le plateau scénique. À défaut, certaines danseuses, voire chanteuses, vont dans la nef de la salle danser sous la barbe de leur public afin de forcer des gestes de largesse et provoquer son éveil libidinal. Au final, il est toujours hasardeux de placer les femmes du côté des victimes (Utas 2005), car elles savent parfois tirer leur épingle du jeu, et contourner la domination masculine quand il le faut :

> Une fille doit montrer ce qu'elle a à vendre. Elle doit exposer sa marchandise. [...] On croyait avoir compris qu'un droit féminin intangible est de ne se déshabiller que devant celui (ou celle) qu'on a choisi pour ce faire. Mais non. Il est impératif d'esquisser le déshabillage à tout instant. Qui garde à couvert ce qu'il met sur le marché n'est pas un marchand loyal. (Badiou, cité par Chollet 2015:181)

Par ailleurs, dans ces rapports sociaux de sexe, vus sous l'angle des rapports de pouvoir, l'on note absolument l'écart d'accoutrement entre les hommes, bien costumés, et les filles, en

---

[12] Entretien de Shikito Duki (guitariste de Zaïko), 2018, Kinshasa, 7 juillet.

tenue de nature à provoquer la concupiscence, restant ainsi assujetties au rôle de charme très exploité dans la vocation publicitaire et de marketing assignée au clip. Le même rôle revient à l'«amante du héros hollywoodien », une espèce de *co-star* qui ne danse ou ne joue la fiction qu'avec le leader-star du groupe. Elle est plus ou moins placée en posture de poupée érotique (clips *Babou* (Koffi Olomide), *Mimo* (Emeneya), *Orgasy* (Fally Ipupa) avec qui, sur le plan scénographique, le «héros hollywoodien» entre métaphoriquement en fusion sexuelle. Mais sur le plan fictionnel, la danseuse ou l'« amante » désire le public, pour qui elle s'exhibe, autant qu'elle est désirée par ce dernier et par la star-leader qui en fait son égérie et son amante onirique ou réelle. Il n'est pas rare qu'elle soit convertie en *« marchandise revendue aux enchères à Brazzaville ou à Kinshasa »* (Entretien de Charité Zamba 2018[13]).

Bref, au concert comme dans les clips, le corps féminin devient un corps-décor, corps-objet, réifié, ce qui nous révèle comment les hommes cherchent à reproduire les structures de domination sur les femmes sociologiquement confinées aux tâches de la domesticité, du «plaire, du paraître » (Bourdieu 2002:135).

De l'ingratiation féminine au défi d'inversion de l'androcentrisme de la scène musicale

La dynamique de groupe enseigne que les membres subalternes s'engagent souvent dans un processus d'« ingratiation ».

---

[13] Entretien de Charité Zamba (témoignage sur sa grande sœur co-star de clips),
2018, Kinshasa, 18 juillet.

> Dans la condition d'*ingratiation*, et sur les dimensions qui sont en rapport avec la différence hiérarchique, les participants de bas statut recherchent la conformité avec le partenaire de haut statut, tandis que ce dernier recherche la différenciation. Le comportement des subordonnés semble ainsi relever d'une tactique visant à gagner la bienveillance du dirigeant. (Lorenzi-Cioldi 2002:157-158)

Au sein du groupe, les danseuses, chanteuses ou choristes, comme les employés, recherchent les bonnes grâces du leader, du dominant : cet «objet mis à la place de leur idéal du moi (le chef)», selon Lacan (Roudinesco 1993:234), auquel elles cherchent à s'identifier. C'est « la thèse freudienne du primat de l'axe vertical » (Roudinesco 1993:236) :

> Dans sa théorie de l'identification, Freud accordait à l'axe vertical une fonction primordiale dont dépendait l'axe horizontal. Dans cette perspective, l'identification au père, au chef ou à une idée était première par rapport à la relation entre les membres d'un même groupe. (Roudinesco 1993:234)

Parallèlement donc à ce rapprochement stratégique avec le supérieur, le personnel artistique féminin reste en quête permanente de la célébrité, visant le statut de *prima donna* :

> *Durant l'ère moderne, la prima donna était la "première dame" de l'opéra italien, la principale chanteuse d'une compagnie d'opéra. La légende veut que ces prima donna aient été affectées par le "complexe de la diva" en conséquence de leur succès, qui les a conduites à devenir superficielles,*

> *matérialistes, vaniteuses, imprévisibles, irritables, déraisonnables, égoïstes, obsédées par leur propre renommée et narcissiques. Les prima donnas (postmodernes) d'aujourd'hui sont, dirait-on, quelque peu différentes, à en juger, à l'évidence, par les personnalités publiques qu'elles affichent. Bien qu'elles conservent quelques unes des caractéristiques de leurs homologues antérieures et modernes, elles ont également tendance à ressembler à ce que Connell (1987) a appelé la féminité accentuée et à embrasser certains des traits que certains théoriciens ont jugé être communs dans notre culture contemporaine et postmoderne. Cette façon de faire de la féminité [...] est liée aux domaines traditionnels de la maison et de la chambre à coucher. Les scénorios qui mettent en relief la féminité exigent qu'une femme soit en paix avec la satisfaction des désirs des hommes et qu'elle tire une grande partie de son sens de la valeur de sa popularité auprès d'eux.* (Kotarba et al. 2013:141)[14] *(Notre traduction NDE)*

---

[14] During the modern era the prima donna was the "first lady" of Italian opera, the leading female singer of an opera company. Legend has it that these prima donnas were affected by the "diva complex" in that their success led them to become superficial, materialistic, vain, unpredictable, irritable, unreasonable, egotistical, obsessed with their own fame, and narcissistic. Today's (postmodern) prima donnas are seemingly a bit different, judging, of course, from the public personas they display. While they maintain some of the characteristics of their earlier and modern counterparts, they also tend to resemble what Connell (1987) has called emphasized femininity and to embrace some of the traits that some theorists have found to be common in our contemporary, postmodern culture. [...] This way of doing femininity [...] is linked with the traditional realms of the home and the bedroom. Emphasized femininity scripts demand that a woman be at peace with accommodating the desires of men and that she draw much of her sense of worth from being popular among them. (Kotarba *et al.* 2013:141)»

Pour ce faire, la danseuse, la chanteuse, la patronne sont tenues aux apparences sexy, et surtout aux toilettes luxueuses et à la célébrité afin de répondre aux exigences du show-business. Or ces «apparences sexy sont ainsi présentées comme un pouvoir, avec ce qu'il faut d'agressivité et sans incompatibilité avec le féminisme» (Bard 2010:64). Et puisque «nulle femme n'est à l'abri de la convoitise masculine» (Bard 2010:11), les chanteuses actuelles de la scène populaire kinoise, pour la plupart des vedettes en herbe, et les danseuses sont toutes taclées par les soucis du look, du plaire, du lucre et de la célébrité.

Comme chez les chanteuses américaines auxquelles il est tout de même risqué de les comparer, ces artifices, tout en alimentant la rumeur et le capital symbolique, constituent des arguments nécessaires pour accorder aux artistes kinoises le statut de *prima donna* postmoderne. Mariées ou maîtresses du leader de groupe, du producteur, elles sont hantées par la «*celebrity culture*» (Heinich 2011), ce qui du coup les rend vulnérables. Quoiqu'aujourd'hui *«le look sexy ait pris la démesure chez les danseuses»* (Entretien de Arny Badikita 2018[15]), leurs chances de célébrité restent amenuisées, car les stratégies de leur médiatisation ont évolué dans le sens inverse de leur démographie.

Il faudra noter qu'à la faveur de la stratégie d'*ingratiation*, le dominé collabore inconsciemment à sa propre domination. Cette collaboration finit pour autant par prendre la forme d'une stratégie subversive visant à affaiblir le dominant en obtenant les faveurs par lesquelles ce dernier construit et reproduit son pouvoir symbolique.

---

[15] Entretien de Arny Badikita (ancienne danseuse d'Anti-Choc et de Quartier latin), 2018, Kinshasa, 26 mai.

Il faut noter par ailleurs que la stratégie féminine la plus performante pour affaiblir le dominant masculin procède des liens sexuels. Car le rapport sexuel n'est pas toujours l'expression de la virilité ou de l'ordre dominant androcentrique.

> Le privilège masculin est aussi un piège et il trouve sa contrepartie dans la tension et la concentration permanentes, parfois poussées jusqu'à l'absurde, qui impose à chaque homme le devoir d'affirmer en toutes circonstances sa virilité. (Bourdieu 2002:75)

Dans ce rapport de force, réduit à l'état d'enfançon, reprenant ses réflexes de nourrisson devant le sein « maternel », l'homme s'assoupit. L'esclave du champ musical serait ainsi devenue le maître dans l'«obscur» champ sexuel, dans le hors-champ ou contre-champ musical. Dès lors, les formes de résistance à la domination deviennent plus subtiles au point de conduire à une :

> sorte de trêve miraculeuse où la domination semble dominée ou, mieux, annulée, et la violence virile apaisée (les femmes, on l'a maintes fois établi, civilisent en dépouillant les rapports sociaux de leur grossièreté et de leur brutalité) (Bourdieu 2002:149).

Ainsi, le patron, dont la nudité a été exposée devant sa danseuse, sa choriste, perd de son autorité, et davantage lorsqu'il a été victime d'une faillite au cours de l'acte sexuel. Le pouvoir n'est donc pas une propriété indivise et définitivement acquise, selon Foucault, il est microphysique, atomisé et diffus. Aussi la domination n'exclut-elle pas la révolte, soit l'autopraxis de libération :

> Il est pourtant trop expéditif de décrire les femmes comme de simples « corps dociles» pour reprendre les mots de Michel Foucault, trop facile de les représenter en victimes d'une exploitation commerciale ou en collaboratrices de leur oppression. (Bordo, cité par Yalom 2010:277)

La danseuse dominée détient en retour un pouvoir souvent escamoté par nombre de théories sur la domination masculine qui présentent, par exemple, le harcèlement sexuel toujours dans un registre masculin :

> «L'ordre archétypiel de la droite et de la gauche et, de ce fait, du féminin et du masculin se complexifie encore lorsque nous découvrons qu'une part féminine est dans le masculin et vice versa. » (de Souzenelle 1997:254)

La danse étant un métier limité dans le temps, l'acceptation de la domination participe en même temps de l'ordre stratégique pour la danseuse qui a planifié de s'établir en Europe en utilisant son activité comme un tremplin, un passeur des frontières physiques et sociales. Certaines peuvent quitter un groupe vers un autre, révoltées et/ou débauchées en se mettant à vilipender et couvrir d'avanies l'ancien dominant sous l'instigation éventuelle du nouveau. Afin de mettre «dignement» fin à leur carrière, un procès pour viols et séquestrations a même été intenté en France par ses anciennes danseuses au chanteur Koffi Olomide qui, en cette matière pénale, demeure la star la plus médiatisée de la scène kinoise, aujourd'hui rejointe par le pasteur-chanteur gospel Moïse Mbiye.

Restons dans l'épistémologie intersectionnelle pour dire que la violence dirigée contre les danseuses commence par le processus d'embauche au cours duquel le casting, lorsqu'il n'est pas directement opéré par le «président- fondateur » du groupe, est d'abord une tâche accomplie par des sous-traitants formels ou informels, soit son entourage. Ainsi, par exemple, on va jusqu'à menacer la fille de louper son test malgré son talent au moindre soupçon que son corps soit strié de *nduta* (vergetures). Obligée de l'exhiber pour dissuader le « jury », elle tombe dans le panier érotique du jeu musical. Mais le dernier requin, le « président-fondateur », fort de ses droits de cuissage et de véto, en fera sa chasse gardée et érigera des mesures disciplinaires rigides contre les «braconniers» (Tsambu 2009). Néanmoins, les trajectoires de recrutement diffèrent en dépit des invariants transhistoriques.

Dans la quête de l'émancipation, dotées de leur capital symbolique, quelques danseuses se convertissent en chanteuses, ou deviennent évangélisatrices à Paris, serveuses de bar à Bruxelles, coiffeuses ou prostituées à Londres; sinon restauratrices à Luanda ou mères de famille à Kinshasa, pour n'avoir pas trouvé la « Voie lactée » menant en Europe.

Mais au fond, sur le plan vertical, renversent-elles la domination? L'enquête ne l'a pas démontré, mais a plutôt prouvé les possibilités d'émancipation illusoire en changeant de patron, sinon d'une vraie émancipation en changeant de métier ou en trouvant le mariage à partir du capital social et symbolique accumulé dans le champ musical. Sur le plan horizontal, homologique, celle qui devient le chouchou du chef se donnera autant de marge d'influence sur les autres congénères du groupe, voire sur le leader qui en tant que partenaire sexuel devient son égal. Du coup, comme par alchimie, le lien sexuel engendre un pouvoir occulte, psychanalytique, que les danseuses exercent sur leur «dominant», et qui redessine *ipso facto* les rapports de force par le bas.

Il faut de ce fait rappeler que les rapports de genre ou rapports sociaux de sexe doivent aussi se lire à l'intérieur de chaque catégorie de la catégorisation binaire classique masculin/féminin. La concurrence genrée sur l'espace musical démontre comment les femmes s'opposent autour d'un enjeu extramusical : le plaisir sexuel et bien sûr tous les avantages professionnels et extra-professionnels qu'il implique en vertu de l'ingratiation. « Naomi Wolof soutient que si les femmes doivent incarner la beauté, ce serait uniquement pour créer une rude concurrence entre elles. » (Ghigi 2016:81)

Dans cet ordre d'idée, mes enquêtes antérieures ont révélé comment la plus petite des danseuses d'un groupe qu'elle a intégré à 14 ans, après avoir engrangé les faveurs du chef à la faveur de son âge et de son capital somato-érotique, prenait l'ascendant sur ses aînées d'âge jusqu'à

leur proférer des menaces du genre : *Oyo nakomona na JPW, nakobeta ye !* (« celle que je vais surprendre avec JPW sera passée à tabac! ») (Entretien de N. M. 2004[16]). « Le plaisir sexuel » devenant « un opérateur hiérarchique » (Legouge 2016:461), classait telle au-dessus de ses « rivales » qu'elle déclassait en même temps. Du côté des hommes, deux chanteurs d'un groupe ont vécu dans une rivalité artistico-sexuelle masquée en tant que partenaires sexuels de leur star-leader-sapeur.

Même les leaders de groupe féminins, conscients de la fragilité de leurs employées, n'hésitent pas, à l'instar de leurs homologues masculins, à les soumettre à des contraintes intimes telles que, cas insolite dans l'histoire de la scène kinoise, se produire en scène sans slip, outre le fait de les « marchander » avec

---

[16] Entretien de N. M. (ex-nionio), 2004, Kinshasa, le 4 décembre.

une clientèle huppée. À son tour, je l'ai dit, dans le hors-champ musical, un leader féminin a peu de chance d'échapper à l'imperium phallocratique d'un mécène ou producteur, si elle tient au statut de *prima donna*. La tradition part des années 1950 avec la chanteuse Marie Kitoto, maîtresse du Grec Papadimitriou, patron de son label *Loningisa*.

Conclusion

Dans une perspective genrée (rapports aux corps, à la sexualité et rapports sociaux) et transdisciplinaire, la présente étude a porté sur l'androcentrisme qui se déploie sur la scène musicale populaire de Kinshasa, considérée comme un champ de luttes (Bourdieu) entre des agents (acteurs) masculins, souvent pris pour des dominants, et des agents (acteurs) féminins pris pour des dominées sous plusieurs dimensions justifiant l'approche théorique intersectionnelle.

Ainsi, fort des données d'enquête et documentaires, je me suis employé à vérifier trois hypothèses concurrentes, à savoir a) la logique de la concurrence qui structure la scène musicale kinoise androcentrée se fonde sur la capitalisation du personnel féminin pris pour cible et arme masculines de conquête du pouvoir ; b) l'hyper-érotisme féminin de cette scène constitue le masque ludique d'une hégémonie masculine intersectionnelle; c) la domination de la femme (artiste) sur la scène musicale kinoise comporte une dimension stratégique par laquelle la dominée consent à sa propre domination aux fins de renverser les rapports de pouvoir androcentrés.

À la suite de l'interprétation et de l'explication des données, je suis arrivé aux conclusions respectives suivantes : a) la présence de la femme au sein des groupes musicaux procure des intérêts artistique, socioéconomique et symbolique aux leaders qui se livrent une concurrence. Cela entraîne *ipso facto* qu'elles soient victimes d'exploitation tous azimuts dans le champ et le hors-champ, et la cible du débauchage dicté par les rivalités artistiques; b) la présence féminine sur la scène physique comme virtuelle provoque réellement un torrent d'érotisme propice au marketing musical, mais semble masquer au public l'exploitation en présentant le travail féminin pour un jeu (ludisme) ; c) au sein du groupe musical, la domination du féminin par le masculin, voire du féminin par le féminin, est multifactorielle, intersectionnelle, mais aussi « spontanée et extorquée » (Bourdieu). Ainsi, libres ou déterminées, les filles danseuses comme les chanteuses recourent à l'ingratiation. Ce rapprochement avec le sommet de l'axe vertical, qui les fragilise sexuellement tout en infantilisant le dominant masculin, devient en même temps une stratégie mobilisée pour déviriliser la domination, sans jamais la renverser professionnellement ; d) le personnel artistique masculin à son tour (domination du masculin par le masculin) subit une oppression multidimensionnelle autant que le personnel féminin, sans pour autant généraliser celle qui passe par la pratique homosexuelle.

De ce qui précède, je conclus que je puis légiférer sur mes hypothèses en disant que la première n'est pas totalement corroborée, car en dépit de l'importance que le personnel féminin représente dans le capital symbolique d'un leader, les filles seules ne font pas encore fonctionner un groupe musical, même totalement féminin, car le genre masculin reste omniprésent dans le champ ou le hors-champ (acteurs périphériques).

Quant à la seconde hypothèse, elle n'est pas non plus corroborée, car les danseuses se rendent bien compte de leurs conditions de travail et finissent même sur le tard par les dénoncer, décident de quitter ou de changer de métier au-delà de la force de l'âge. Nombreuses s'y attardent parce que la musique leur sert de tremplin pour atteindre l'Europe idéalisée, mais aussi du fait de la visibilité médiatique (célébrité, statut de *prima donna*) qui leur permet d'exercer une débauche de luxe.

À propos de la dernière hypothèse, bien qu'il y ait à la fois une part de liberté et une part de coercition dans la domination subie, les dominées n'arrivent pas, jusqu'à preuve du contraire, à renverser professionnellement la domination, mais peuvent atteindre une émancipation statutaire en changeant de métier ou de poste artistique, en émigrant vers l'Europe idéalisée, ou en trouvant le mariage grâce au capital symbolique accumulé dans le champ scénique. Ce qui me conduit aussi, à la faveur de l'épistémologie poppérienne, à la falsification de l'hypothèse. Il faut plutôt corroborer cette autopraxis de libération auprès des dominés masculins ayant accédé à un statut égalitaire ou ascendant vis-à-vis de l'ancien dominant : cas de Fally Ipupa face à Koffi Olomide, de Ferré Gola comparé à Werrason.

Au total, cette étude aura offert un reflet de la société congolo-kinoise à travers sa scène musicale. Mais il ne s'agit pas d'assigner à celle-ci le simple rôle de miroir, car tout en répondant à sa propre logique, la scène musicale influence aussi les rapports sociaux de sexe dans cette société. Par ailleurs – l'étude l'aura démontré à la lumière de Foucault –, la domination n'est pas un pouvoir détenu en bloc et en permanence par une catégorie sociale, elle est plutôt diffuse. Les manifestations de ce phénomène sous sa forme artistique et ludique ne doivent pas masquer l'ampleur de la violence qu'elle implique dans les esprits des hommes et des femmes, car cette oppression procède d'une détermination plurielle : économique, politique, culturelle, sexuelle, idéologique, etc. Il faut au final retenir que la société ne fonctionne pas dans une dualité entre les hommes d'un côté et les femmes de l'autre, moins encore dans une dualité permanente des genres, car entre les deux, les frontières sont poreuses et les identités confuses, mieux, inextricables.

Remerciements

> Je remercie sincèrement Charis Muntwani, Jeudi Bofala, Guy Pongo et René Minana, chercheurs et doctorants à la Faculté des Sciences sociales, administratives, et politiques à l'Université de Kinshasa, de leur collaboration dans des enquêtes de terrain dont les données ont servi de façon majeure à la réalisation de cette étude. Je n'oublie pas le CODESRIA pour son soutien financier à l'étude.

Références

Bard, C., 2010, *Ce que soulève la jupe. Identités, transgressions et résistances*, Paris, Éditions Autrement, Coll. Mutations/sexe en tous genres.

Baudrillard, J., 1979, *De la séduction*, Galilée/Denoël.
    Bemba, S., 1984, *Cinquante ans de musique du Congo-Zaïre (1920-1970). De Paul*

Kamba à Tabu Ley, Présence africaine.
    Benelli, N., 2016, «Corps au travail», *in* J. Rennes (éd.), *Encyclopédie critique du*

genre. Corps, sexualité, rapports sociaux, Paris, La Découverte, p. 149-158. Bilge, S., 2009, « Théorisations féministes de l'intersectionnalité », *in Diogène*, Vol. 1,

n° 225, PUF, p. 70 - 88.
  Boni-Le Goff, I., 2016, « Le corps légitime », in J. Rennes (éd.), Encyclopédie critique

du genre. Corps, sexualité, rapports sociaux, Paris, La Découverte, p.
  159-169. Bourdieu, P., 2002, La domination masculine, Paris, Éditions du Seuil.
  Bourdieu, P., 1997, Méditations pascaliennes, Paris, Éditions du Seuil.
  Bourdieu, P., 1990, « La domination masculine », in Actes de la recherche en sciences

sociales, Année 1990, Volume 84, n° 84 (résumé).
  Bourdieu, P., 1987, Choses dites, Paris, Éditions de Minuit.
  Clair, I. (François de Singly, éd.), 2015, Sociologie du genre, Paris, Armand Colin,

Coll. « 128 Tout le savoir ».

Tsambu : La scène musicale populaire kinoise à l'épreuve du genre 129

Chauviré, C. et O. Fontaine, 2003, Le vocabulaire de Bourdieu, Paris, Ellipses, Collection « Vocabulaire de... ».

Chollet, M., 2015, Beauté fatale. Les nouveaux visages d'une aliénation féminine, Paris, La Découverte/Poche.

Connell, R. W. et J. W. Messerschmidt, 2015, « Faut-il repenser le concept de masculinité hégémonique ? », Traduction coordonnée par Élodie Béthoux et Caroline Vincensini, ENS Paris-Saclay, Terrains & travaux, Vol. 2, n° 27, p. 151 – 192.

De Boeck, F. et M.-F. Plissart, 2005, Kinshasa. Récits de la ville invisible, Bruxelles, La Renaissance du Livre/Luc Pire.

Debhonvapi Olema, 1997, La satire amusée des inégalités socio-économiques dans la chanson populaire urbaine du Zaïre. Une étude de l'œuvre de Franco (François Luambo) des années 70 et 80, Thèse de doctorat en Littérature comparée générale, Faculté des Arts et des Sciences, Université de Montréal.

Ewens, G., 1994, *Congo Colossus : The Life and Legacy of Franco & OK Jazz*, Norfolk (UK), Buku Press.

Gakosso, J.-C., 2002, *Ntesa Dalienst et la sublime épopée des Grands Maquisards*, Bruxelles, Éditions Gutenberg-IGB, Collection « Musiques d'Afrique ».

Gondola, C. D., 2009, "Tropical Cowboys : Westerns, Violence, and Masculinity among the Young Bills of Kinshasa", *Afrique & Histoire*, volume VII, n° 1, Verdier, p. 75-98.

Gondola, C.D., 1997, « Oh, rio-Ma! Musique et guerre des sexes à Kinshasa, 1930-1990 ». (https://www.persee.fr/doc/outre_0300-9513_1997_num_84_314_3508). 17 juillet 2019.

Ghigi, R., 2016, « Beauté », J. Rennes (éd.), *Encyclopédie critique du genre*, Paris, La Découverte, p. 77-86.

Heinich, N., 2011, « La culture de la célébrité en France et dans les pays anglophones. Une approche comparative», *Revue française de sociologie*, Volume 52, n° 2, p. 353-372.

Janssen, B., 2017, « Intersectionnalité : de la théorie à la pratique », Centre d'éducation populaire André Genot, novembre. (www.cepag.be). 12 février 2020.

Jaspard, M., 2011, *Les violences contre les femmes*, Paris, La Découverte, Coll. « Repères ».

Kempeneers, M., 2006, « Entre Marx et Foucault : la question de la reproduction », *Sociologie et sociétés*, Volume 38, n° 2. (http://id.erudit.org/iderudit/016373ar). 15 octobre 2010.

Kotarba, J. A. *et al.*, 2013, *Understanding Society through Popular Music*, New York, London, Routledge (seconde édition).

Kuyu, C., 2008, *Droit et société au miroir de la chanson populaire. Anthropologie juridique des relations entre les sexes à Kinshasa*, Louvain-la-Neuve, Academia- Bruylant, Coll. « Publications de l'Institut universitaire André Ryckmans ».

Lahire, B., 2001, « Champ, hors-champ, contrechamp », in B. Lahire (éd.), 2001, *Le travail sociologique de Pierre Bourdieu. Dettes et critiques*, Paris, La Découverte & Syros, p. 23-57.

Legouge, P., 2016, « Plaisir sexuel », J. Rennes, (éd.), 2016, *Encyclopédie critique du genre*, Paris, La Découverte, p. 459-469.

130 *Afrique et développement,* Volume XLV, No. 4, 2020

Lonoh Malangi, 1969 [1963], *Essai de commentaire de la musique congolaise moderne*, Kinshasa, SEI/ANC.

Lorenzi-Cioldi, F., 2002, *Les représentants des groupes dominants et dominés. Collections et agrégats.* Grenoble, PUG, Coll. « Vies sociales ».

Manda Tchebwa, A., 2011, *Langages et aphorismes dans la chanson congolaise. Masques onomastiques*, Paris, Présence africaine/L'Harmattan.

Manda Tchebwa, 1996, *Terre de la chanson. La musique zaïroise hier et aujourd'hui*, Bruxelles, Duculot/Afrique éditions.

Matoko Nguyen, B., 1999, *Abeti Masikini. La voix d'or du Zaïre*, Paris, L'Harmattan. Mpisi, J., 2004, *Tabu Ley «Rochereau» innovateur de la musique africaine*, Paris,

L'Harmattan, Collection « Univers musical ».
    Muchembled, R., 1978, *Culture populaire et culture des élites*, Paris, Flammarion,

Collection « L'Histoire vivante ».
    Ne Nzau Diop, J., 2010, « La femme dans la musique congolaise : muse et actrice »,

Le Potentiel, 31 décembre. (www. gervaisdjidji.over-blog.fr). 5 mai 2019.
    Nimy Nzonga, J. -P. F., 2007, *Dictionnaire des immortels de la musique congolaise*

moderne, Louvain-la-Neuve, Academia-Bruylant.

Rennes, J. (éd.), 2016, *Encyclopédie critique du genre*, Paris, La Découverte. Roudinesco, E., 1993, *Jacques Lacan. Esquisse d'une vie, histoire d'un système de*

pensée, Fayard.

Souzenelle, A. de, 1997, *Le féminin de l'être. Pour en finir avec la côte d'Adam,* Paris,

Albin Michel, Coll. « Spiritualités vivantes ».

Sow, F., 1997, « Les femmes, le sexe de l'État et les enjeux du politique : l'exemple

de la régionalisation au Sénégal », *Clio,* n° 6, *Histoire , femmes et sociétés*, n° 6.

(http://clio.revues.org/379 ; DOI : 10.4000/clio.379). 30 septembre 2016.

Stewart, G., 2000, *Rumba on the River. A History of Popular Music of Two Congos*,

London, New York, Verso.

Tsambu, L., 2013, « Le vidéoclip congolais : politique de mots et rhétorique

d'images », dans V. Y. Mudimbe (ed.), *Contemporary African Cultural Productions*,

Codesria, 2013, p. 261-286.

Tsambu Bulu, L., 2012, *Luttes symboliques et enjeu de domination sur l'espace de la*

musique populaire à Kinshasa. Critique praxéologique des sociabilités de la scène musicale kinoise (1990-2010), Dissertation doctorale de sociologie, Université de Kinshasa.

Tsambu Bulu, L., 2009, « Enfants et jeunes dans le métier de la danse au sein des groupes musicaux modernes à Kinshasa », in Agbu, O. (éd.), *Children and Youth in the Labour Process in Africa*, Dakar, Codesria, p. 197-223.

Tsambu Bulu, L., 2004, « Musique et violence à Kinshasa », dans T. Trefon (éd.), *Ordre et désordre à Kinshasa. Réponses populaires à la faillite de l'État*, Tervuren/ Paris : MRAC/L'Harmattan, Collection « Cahiers africains », p. 193-212.

Tsambu Bulu, L., 2001, « Les images sociomentales de la femme dans la musique congolaise moderne », in *Alternative, Femme, famille et société*, n° 007, Kinshasa, p. 19-24.

Tsambu : La scène musicale populaire kinoise à l'épreuve du genre 131

Trapido, J., 2010, 'Love and money in Kinois popular music', *Journal of African Cultural Studies*, volume XXII, n°: 2, p. 121-144. (DOI : 10.1080/13696815.2010.491316). 20 septembre 2017.

Tshonga Onyumbe, 1984, «L'homme vu par la femme dans la musique zaïroise moderne de 1960 à 1981 », *Zaïre-Afrique*, n° 184, p. 229-243.

URC (Univers rumba congolaise), 2012, « Mboyo Moseka Marie-Claire alias Mbilia Bel», in *Biographie artistes de A-Z*, 19 juillet. (http://www. universrumbacongolaise.com/artistes/mbilia-bel/).30 novembre 2015.

Utas, M., 2005, 'Victimcy, Girlfriending, Soldiering : Tactic Agency in a Young Woman's Social Navigation of the Liberian War Zone', *Anthropological Quarterly,* Volume 78, numéro 2, p. 403–30.

White, B.W., 2008, *Rumba Rules. The Politics of Dance Music in Mobutu's Zaire*, Durham, London, Duke University Press.

Yalom, M., 2010, *Le sein. Une histoire*, Traduit de l'américain par Dominique Letellier, Paris, Gallade éditions.

www.ingramcontent.com/pod-product-compliance
Lightning Source LLC
Chambersburg PA
CBHW020421220526
45464CB00002B/511